案例 一

茨城县·O宅

餐厅中只在一面墙上张贴绿
色的墙纸，来将人们的视线
吸引到窗边奇丽的布置上。

电视柜安放在中央位置，通过左右敞开的部分使得视线能够延伸到深处的房间，从而营造出宽敞的感觉来。

沉浸在庭院碧绿景色中的起居室和餐厅。镂空的屋顶板内装有间接照明设施，柔和地照亮室内。

通过室内的楼梯拉近家庭成员，并改善1、2楼的通风条件。

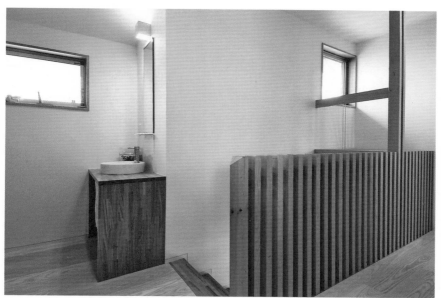

2楼楼梯间扶手改为木制栅格。洗漱台面也用木材制成，营造出温婉的气氛。

主卧也只有一面墙张贴了茶色的墙纸。为了阻挡西边窗外的视线,改成了百叶窗式的窗户。

通过收纳柜上方的间接照明柔和地照亮玄关。

青色的墙面营造出令人印象深刻的书房。并贴着
整面墙定做了书桌。

对面式的半开放厨房。背后的收纳柜下整合的宽大料理台甚至可以用于制作荞麦面。

兼具洗漱、更衣和卫生间用途的空间。三面镜面收纳柜的上下部分安装有间接照明设施。浴室门窗覆盖有大片玻璃，营造出采光良好的宽阔视野。

Before

2F
- 中庭
- 厕所
- 和室（12 m²）
- 壁橱
- 卧室（9 m²）
- 卧室（8.25 m²）

1F
- 后门
- 浴室
- 卫生间
- 玄关
- 厨房
- 和室（12 m²）
- 起居室和餐厅（20.55 m²）

即将退休的夫妻的住宅。虽然没有太严重的劣化和不便之处，但为了提升退休生活品质进行了改造。

After

2F
- 仓库
- 主卧（15 m²）
- 卫生间
- 房间（10.5 m²）

1F
- 停车位
- 化妆间
- 浴室
- 洗衣房
- 玄关
- 壁橱
- 厨房（7.5 m²）
- 起居室和餐厅（20.7 m²）
- 书房（10.95 m²）
- 木质平台

1楼的和室改成书房，厨房改成对面式，楼梯改设到起居室内。通过这个布局强化了本身分散在住宅各处的家人之间的纽带。

🏠 DATA

种类：**别墅**　总建筑面积：**115.10 m²**　改造费用：**2 300万日元**※（约117万人民币,不含税）
结构：**木结构**　改造面积：**115.10 m²**　设计管理费用：**280万日元**（不含税）
建筑年数：**20年**　家庭结构：**夫妇**　设计时间段：约4个月　施工时间段：约4个月

※ 包括家具、设备以及室外结构

案例二

东京都·T宅

阳光从东侧高处的窗户照进房间，营造出明亮的2楼起居室、餐厅、厨房空间。

订购的靠墙式厨房，将必要的功能简洁地统合到一起。原本是卧室的壁橱位置。

木质的氛围营造出清新感的门厅。左边的泥地走道从深处的玄关一直连接到住宅的另一侧。

2层楼高的木制栅格。日暮时灯光会温和地从缝隙中漫出来。

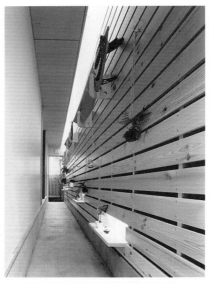

浴室面向木制平台,颇具开放感。

从玄关开始的泥地走道直接通往深处的浴室。

3.64m

玄关
厨房
(3 m²)

房间
(6.75 m²)

厕所

和室
(9 m²)

壁橱

壁橱

浴 单
室 元

8.19m

1F

3.64m

壁橱

卧室
(9 m²)

和室
(6.75 m²)

晾晒场所
(6 m²)

8.19m

2F

N

细长形隔开、不穿过这个房间就没法进入隔壁的布局。因为建造在住宅密集的地方,日照条件也比较恶劣。

3.64m

泥地走道

玄关

卧室(9 m²)
将来作为孩子的房间

壁橱

洗漱间

浴室

木制平台

8.19m

1F

3.64m

餐厅和厨房
(12 m²)

壁橱

起居室
(6.75 m²)
将来作为
寝室使用

木制平台

8.19m

2F

将起居室、餐厅、厨房移到2楼,卧室和用水设施移到1楼。2楼以楼梯为中心形成一个整体空间。起居室用移门隔开。

🏠 DATA

种类:**别墅**	总建筑面积:**59.62 m²**	改造费用:**1 200万日元(不含税)**	
结构:**木结构**	改造面积:**59.62 m²**	设计管理费用:**170万日元(不含税)**	
建筑年数:**48年**	家庭结构:**夫妇和2个孩子**	设计时间段:**约4个月** 施工时间段:**约5个月**	

起居室、餐厅、厨房更改到视野更好的
位置。在阳台上安装木制平台和木质
栅栏，充满了自然的气息。

案例 三

东京都·M宅

起居室、餐厅、厨房的定制收纳柜和餐桌都选用了同一种木材，从而营造出统一感。

将水槽和燃气炉分开两边，使得下厨的移动路径更加便捷。大容量的家电收纳架保证了充足的收纳空间。

卧室和家务房间使用定做的家具来隔开。收纳家具的门同时还作为入口的门使用。

可以作为书房使用的家务房间,和卧室之间的收纳家具采用了开放式设计,通风也良好。

玄关收纳柜省去了柜门，使得存放取出更为方便。 简洁的洗面盆以及镜面洗面台。

Before

由于是两套公寓房连在一起使用，因而房间数量比较多，但是空间浪费也严重，移动路径紊乱生活不便。

After

将家庭成员经常使用的起居室、餐厅、厨房移到视野更好的东南侧，并使用有门收纳柜隔开，缓和地将空间连接起来。

🏠 DATA

种类：**公寓**
结构：**钢筋混凝土**
建筑年数：**37年**

总建筑面积：89.37 m²
改造面积：89.37 m²
家庭结构：**夫妇和2个孩子**

改造费用：**700万日元**※（不含税）
设计管理费用：**120万日元**(不含税)
设计时间段：约2个月　施工时间段：约1个月

※ 包含自行施工的一部分

住宅改造
创意笔记

（实用经济改造妙计，给你装修新灵感）

[日]中西宏次　著　朱轶伦　译

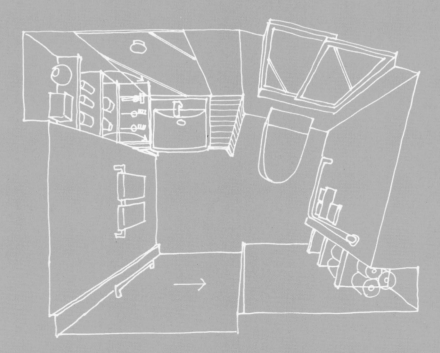

上海科学技术出版社

图书在版编目（CIP）数据

住宅改造创意笔记：让生活更舒适的住宅改造解剖
书 /［日］中西宏次著；朱秩伦译.—上海：上海科学
技术出版社，2015.11
（建筑设计系列）
ISBN 978-7-5478-2779-6

I.①住… II.①中… ②朱… III.①住宅-室内装
饰设计 IV.①TU241

中国版本图书馆CIP数据核字（2015）第189654号

Original title：暮ろしやすいリフォームアィデアノートby 中西ヒロツダ
KURASHIYASUI REHOME IDEA NOTE
© HIROTSUGU NAKANISHI 2014

Originally published in Japan in 2014 by X-Knowledge Co., Ltd.

Chinese (in simplified character only) translation rights arranged with
X-Knowledge Co., Ltd.

住宅改造创意笔记

［日］中西宏次 著 朱轶伦 译

上海世纪出版股份有限公司
上 海 科 学 技 术 出 版 社 出版
（上海钦州南路71号 邮政编码200235）
上海世纪出版股份有限公司发行中心发行
200001 上海福建中路193号 www.ewen.co
苏州望电印刷有限公司印刷
开本 890×1240 印张7 插页8
字数 200千字
2015年11月第1版 2015年11月第1次印刷
ISBN 978-7-5478-2779-6/TU·219
定价：39.00元

前言

最近针对建筑的改造非常盛行。例如专业住宅改造公司、房产公司、建筑公司、住宅设备厂家、施工队、购物中心，以及家电卖场等各种业者都参与进来，改造市场呈现出一片盛况。

我在刚开始设计事务所工作的时候，提到改造基本上也就是重新张贴墙纸或者设备更换之类的修缮工作，建筑年龄超过30年的话不少住宅就直接拆掉重建了。现如今重新发现二手住宅的价值，从改造中感受到魅力的人反而增多了。

最初我也并不是从改造专业开始的，曾经在著名建筑家的事务所任职，负责办公楼和公共设施等大规模建筑的设计监督工作。从事务所独立出来之后以住宅设计为中心开展活动，偶然的第二件委托的住宅的建筑占地没有朝向道路因而不能进行重建施工。于是就只保留结构，将内外装修全部重新替换了一番，第一次进行了"骨架改造"工作。然而这个40年建筑年龄的住宅经过反复的扩建改修，结构上已经变得紊乱不堪，因而就像是解开缠绕的绳结一样摸索着总结出了设计方案。施工开始之后也不断出现漏雨、白蚁危害的痕迹等，每天不断有新的问题表现出来，基本上每天都要在施工现场监督施工状况。尽管如此，幸亏得到了房主和施工队的理解和协助，施工得以顺利完成。以杂志和电视介绍这个住宅为契机，《全能住宅改造王》节目也开始委托我上镜了。

那之后节目组也时不时找我上镜，得益于此改造设计的委托也纷至沓来。在改造这个类别下不仅是木结构建筑，钢筋混凝土和钢架结构建筑等各种结构及构造方法的建筑物都会接手。那时候在以前任职的设计事务所中获得的各式各样的设计监督方面的经验就很有用了。总而言之在改造设计中，需要分析试图解决现在的问题的同时做设计的能力，因而我也明白了改造比新造一个建筑需要更多的知识和诀窍。

另外，更加重要的是平时解决生活中注意到，以及烦恼的事情的创意要常常积存下来，我的笔记本上就用草稿记着数量众多的创意。我自信每天这样的努力积攒是和生活舒适的设计紧密联系在一起的。

这本书中介绍的就是这些创意和改造的基本思维方法，甚至细致到细节的部分，尽可能把设计现场所培育出来的创意集中在了这里。同时也按标题归纳了要点，可以从头开始读，也可以从目录中将感兴趣的部分随意挑选出来阅读。为了能够适合各界人士阅读而省去了很琐碎的说明部分，同行们可能会觉得有欠缺，然而这是我对方便生活的基本部分做出简明说明的结果，还请多包涵。

对于这之后要开始住宅改造的读者自不必说，对于有新建住宅计划的读者我觉得一定也能够发挥作用。

中西宏次

目录

第一章

怎样才是真正舒适的住宅

改造住宅　丰富人生

　　根据2010年的统计,相比较日本的家庭数5190万户,包括别墅和公寓在内的住宅共有5760万户。少子老龄化造成将来的人口也呈现减少的趋势,因此从数量上来说已经没有再需要建造新住宅的必然性了。当然无论往后是否还有建造新住宅替代老住宅的需求,住宅产业的中心业务无疑会向房屋改造方向转移。

　　并且这20年间人们对于住宅的功能和性能要求也发生了很大的变化。在1995年的阪神大地震中有大量的高楼和住宅倒塌,因此对于房屋的抗震性提出了更高的要求。由2011年东日本大地震中核电厂事故引发的严重的能源问题,也成为人们重新考量住宅节能化的契机。并且现今为了应对长久的经济不景气和超高龄化社会造成的不安,以及家族的形态和生活方式的变化等,对于新式的居住方式的要求也在不断增加。

　　并且在年轻人群中,价值观的变化也非常显著。比如在新牛仔裤上特意做旧等,以前"新＝有型"的价值观逐渐变得淡薄,而陈旧感和复古

风格却使人感觉更有价值。和风也顺着潮流，通过对传统文化的再发现，来使日本人独有的特性得以再次光复。

对于社会上的这些变化，对现有建筑仅做表面改造工作能获得的效果非常有限。人们在建造"房屋"的时候已经花费了很大的精力，尚且来不及去思考在里面要怎么生活；然而通过一些改造工作就可以使其获得新生成为合格的"住宅"。人们也渐渐意识到，自行对住宅进行一些设计改造可以使生活，甚至自己的人生变得更加丰富多彩。

活用现有资源，将旧居改造成符合现代生活方式的住宅。今后这样积极的改造理念无疑会不断增加。

真正舒适的住宅是适宜生活的住宅

　　对于"舒适的住宅"这样一句简单的话，每个人都会有自己不同的见解。根据环境和生活方式的不同，"舒适"这个词的定义也不尽相同。也有不少在刚造好时感觉非常舒适的房屋，随着家庭构成以及周边环境发生变化而令人感觉糟糕起来。

　　在经济景气时候的房屋往往费了人们很大精力去建造，却并没有充分考虑到生活中的方方面面。这些住宅按照家庭人数设计了各自的房间，甚至还有富丽堂皇而很少用到的客厅。

　　家庭成员很多的时候那样确实也是不错的，然而一旦子女独立或者长辈离世后，房间就会空闲出来。尽管这样，事实上剩下的家庭成员却仍要在堆满物品变得狭小的包含起居室、餐厅、厨房的房屋结构中继续生活下去。

　　像上述这样，大部分现在的住宅并不能适应家族构成和生活方式的变化。

　　另一方面，现有的建筑中有不少在抗震性和隔热性上存在缺陷。因

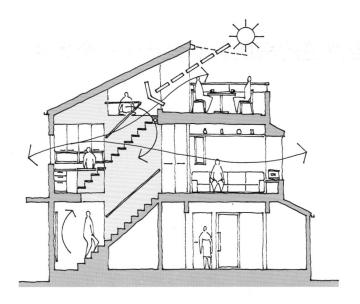

此作为改造的时候首先非常重要的一点就是要提升这些基本性能。通过提高抗震性能，使生活在地震灾害发生的时候可以不受影响，同时通过提升隔热性和耐久性也能节省电费和能源回收费用。这样就可以提升和居住舒适度密切相关的安全感和满足感。

可以说不屈就住宅去过日子，而让住宅来贴合家庭生活，便是能称为"舒适的家"的条件。

适合改造的房屋需要满足哪三个条件

即便想要利用现有的住宅，也并不是每一个住宅都适合进行改造的。非常遗憾的是有不少建筑相对来说还是重建比较容易些。当然不只是因为建筑比较旧所以就不适合改造，而是要从建筑的价值和劣化程度等多种条件来考虑，来选择是拆去重建还是对其进行改造。

所以当我接到房屋改造的委托时，最先就会告知满足改造需要的三个条件。"房屋改造的三要素"，也就是更适合对房屋进行改造的条件。

第一是法律方面的条件。除去建筑基准法内一部分的例外条件，建筑占地通往道路的通道宽要达到2 m以上。在建筑密集的地区，不能满足这个条件的话有时候就不能进行房屋的拆除再造工作（不可重建）。也有一些建筑在建成之后由于建筑规模规制法等的修正，造成不能确保再重建出同样占地大小的房屋的情况（现有建筑不符合规定）。其他还有比如租借地上的重建不被认可的情况。在这样的情况下必然是要选择改造的方式了。

第二是心理上的条件。比如旧民居以及有历史性意义的建筑物等，

重建所必须符合的施工地条件

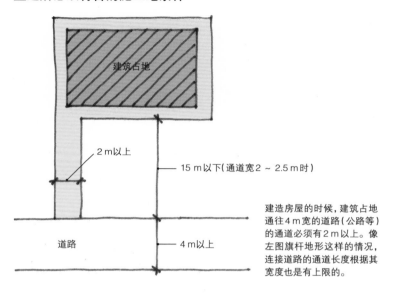

建造房屋的时候，建筑占地通往 4 m 宽的道路（公路等）的通道必须有 2 m 以上。像左图旗杆地形这样的情况，连接道路的通道长度根据其宽度也是有上限的。

有其必须保存下去的价值存在的情况。即便还没到这个程度，但是承载了家族的历史和深刻回忆的房屋也适用于这种情况。我也希望可以通过改造而非重建来使得这样充满家族回忆的房屋可以代代相传。

第三是建筑本身需要满足的条件。漏雨、裂纹等劣化情况要少，屋顶、外墙、结构等可以继续使用的部分越多则改造的性价比也会越高。结构上是否按照抗震标准来建造也是一个判断标准。

符合这些条件中任意一条的话，就推荐对房屋进行改造。如果不符合其中任意一条的话，对于仅仅因为预算方面更省的原因考虑改造房屋的人，还是更推荐重建的方式。

重建过程中也常常会产生预算外的花费。在计划实施之前，再考虑一下改造的意义或许是房屋改造成功的关键所在。

打算长住的住宅和非长住的住宅，
不同点在哪里

日本的住宅平均寿命据说是26年，比欧美要来得短。日本人倾向于建造新建筑其实是因为国家政策和税制对新造建筑优待产生的问题。建造建筑的资产价值每年贬值20%，20年的旧建筑的资产价值就已经是0了。总而言之，既然对于住宅做什么都无法使其价值得到认可的话，也难怪人们会选择重新建造了。

然而近来受到少子老龄化和长久的通货紧缩的影响，对于未来的不安以及雇佣状态的不稳定状况变得越来越严重，希望住宅能一代一代继续使用下去的需求便逐渐高涨起来。

尽管有这样的需求，也并不是所有的房屋通过一些改动就可以长久使用下去的。也就是说这些所谓住宅订单都是最极致的定制改造商品，在其他住户那里重现同样的改造则可能完全体现不出任何魅力，或者变得很不适宜居住。结果就是不管用了多贵的材料，还是逃脱不了拆除重建的命运。

那么怎么样的房屋能够长住下去呢？通过大量的改造工作获得的

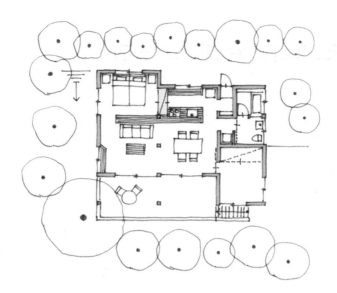

经验告诉我，"简单的家"才是最适合长住的。采用了稀奇的设计以及特殊的构造方法等造出来的房屋，往往会成为改造过程中的桎梏。

相比使用传统的3尺（约91 cm）模具，实际架构（柱、梁、地面等基本结构）和平面图上一致的房屋由于比较容易摸清架构的状况，改造也会容易些。反过来说在抗震改造的时候，通过使架构和平面图上一致也可使得建筑能够应对将来可能发生的变化。

住宅是和人一同在变化着的。明确区分需要重建的部分和不需要重建的部分使得子子孙孙，甚至未来其他住户可以更容易进行住宅改造，从而让住宅能够实现长久居住。

着手改造出适合自己的住宅

人们常说"房屋要建造三次才能满足"。在新住宅里开始生活后才体会到的不便之处和设计失误之处，可以说就是一开始对于在这个住宅里的生活没有考虑周到的印证。更不要说在一个地方开始新的生活需要时间去熟悉这里的土地环境和生活习惯等，再去慢慢地适应它。在那个以30年为周期不断重新建造新住宅的幸福年代里，重建三次才能最终满意的方法虽然可以适用，但是那样产生的巨额花费也是不言而喻的。

当然还有一个更好的方法，那就是住宅改造。住宅改造最大的好处在于充分利用已有建筑部分。长久生活在其中的人对周边的环境已然熟悉，对于通风良好以及日照充分的角落也已是了如指掌。对于住宅的长处和短处也最了解，能够提出更明确的期望。即使是购买二手住宅的住户也具备足够的空间可以放置实物大小的模型来对未来的具体生活做计划。

从满足度的角度来考虑的话，新造住宅的计划是从"做加法"开始

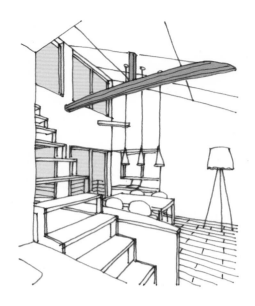

的。怀抱梦想开始投入到构筑新家的过程中，慢慢再和现实产生冲突，在各种条件限制下满足感也会逐渐下降。最后建造完成时，现实和梦想的差距就会以不满这种形式表现出来。

而另一方面，住宅改造的计划却是从"做减法"开始的。通过改善各式各样的不满和不便之处，逐渐提升满意度。根据不同的想法从零开始向着正方向进步，因而得到的住宅更能让人获得满足感。

总而言之，即使不经过三次建造来完善，而是着手花功夫去实现自己对于住宅的想法，这就是住宅改造的本质了。

第二章

打造舒适的住宅——
不同空间的改造构思

独立厨房还是开放式厨房?
厨房是反映一个家庭的明镜

在住宅改造中需求最多的当属厨房的改造。长年累月使用下来的厨房内设备的老化和使用不便等,恐怕是日常生活抱怨中最多的地方了吧。户主会提出很多类似于"希望改造成全家都能在一起使用的开放式厨房",以及"希望能用上方便易用的最新的机器"的需求。

说到厨房改造,并不只是通过替换成整体厨房就可以解决问题的。除了厨房的位置和布局以外,如何处理和餐厅的关系之类的问题也会影响家庭的生活方式。

一般来说厨房和餐厅的关系有独立型厨房和一体化厨房两种。厨房本身也分为靠墙型和对面型,根据操作台形状的不同还能分为I形、L形、U形以及II形等。

独立型的厨房适合于专注于料理本身而不希望被打扰的人,由于和

4种不同的厨房样式

【I形】

I 形是最一般的布局,加工以及装盘(配菜)的操作台合并在一起使用。

【L形】

L 形可以活用转角处的操作台而不需要大幅走动。

【U形】

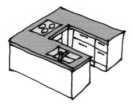

U 形是在 L 形操作台的基础组合上增加了配菜操作台组合而成。

【Ⅱ形】

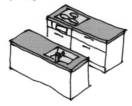

Ⅱ 形为了更有效使用 U 形操作台的转角储物空间而将其分开的形式。

餐厅整体的联系较淡薄,制作料理的人会被孤立出来。

而另一方面,一体化厨房的情况下在餐厅的一角处理料理,是相对不会感到寂寞并且家人也容易帮忙的形式。只是从餐厅这边就能看到厨房,因此必须要时刻保持干净整洁。

I形或L形等哪种布局更易用是因人而异的。但是无论选择何种布局,最重要的都是要能遵从料理的顺序。易用的基本条件就是厨房设备要按照保存、清洗、加工、烹饪、装盆的顺序来布置。

要有家庭结构,以及夫妇和子女关系等的意识,然后以做料理的人的性格以及习惯为基准,再去设计厨房改造计划。

把脏乱隐藏起来的对面式厨房

在厨房改造中经常会收到顾客要求"改造成岛型厨房"的要求。开放的岛型厨房里确实能把起居室和厨房等开阔空间看得很清楚,但是一直要保持厨房本身的整洁干净,在烹饪和之后清理的时候就要特别注意发出的声响,想要用好的话就要有这样的觉悟。

另一个现实问题是岛型厨房的台面面积虽然大一些,相应的成本也会高一些。L形和U形等操作台也是,从性价比来说,I形是相对最高的。

因此我经常给出带有定做操作台的I形厨房。通常情况下,I形厨房的水槽和燃气炉呈一列排布,朝着墙壁的方向安装,而委托工匠师傅在餐厅和厨房之间打造一个侧墙操作台后就可以在其上安装橱柜本体了。侧墙工作台的高度设置为1.1 m左右既可以遮住做事情的地方,操作台下方又能当作橱柜等利用起来,配上高脚凳还可以当作简单的用餐桌使用。

这样处理之后就算厨房稍微有些凌乱也可以不用太在意,依然能够

使用之后就要马上整理

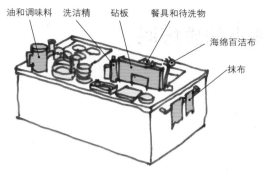

油和调味料　洗洁精　砧板　餐具和待洗物

海绵百洁布

抹布

开放式的对面型厨房中包括一些不想
被看见的地方也完全暴露出来。

隐蔽性较好、让空间看上去更干净的对面式厨房

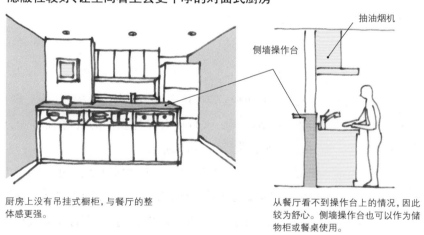

抽油烟机

侧墙操作台

厨房上没有吊挂式橱柜，与餐厅的整
体感更强。

从餐厅看不到操作台上的情况，因此
较为舒心。侧墙操作台也可以作为储
物柜或餐桌使用。

把精力集中到料理上来。从餐厅里也几乎看不到操作台上的情况，因此
也不会吸引太多的注意力。

　　在厨房的上部不安装吊挂式橱柜，使得厨房和餐厅的屋顶连在一起
产生整体感，可以让空间感觉更宽广。即使不安装吊挂式橱柜，也可以
在厨房的背面（靠墙一侧）安装满家电收纳柜和餐具柜，这样就可以确
保有足够的储物空间了，推荐一试。

相比宽大的厨房狭小的更好吗

微波炉烤箱、料理机、面包机、咖啡机以及电热锅等,相比以前,现在塞入厨房的电器数量大幅增多了。并且还有多种多样的食材、储备的食材和调味料等,厨房已然成了满是物品的场所。

然而并不是单纯的,东西太多所以大的厨房就更好用。面积增大的同时,厨房本体和厨房收纳以及冰箱的距离就变远了,使得效率反而降低。过宽的厨房本体也会使得烹饪中的移动变多,造成不必要的疲劳。

认真询问一番之后,我得知有"厨房想尽可能大一些"的期望的人们大多数不是操作空间不够而是收纳上存在问题。最需要重视的是必要的场所要存放必要的东西。因而收纳计划也要根据使用频率来定制。在夫妻双方一般都有工作,而食材储备变多的现在,哪怕非常小,食品储藏室是必需的。

根据我的经验,I形厨房的宽度以2.4 m最为合适。别墅住宅中能够在一间半的正面内侧正好容纳下的宽度为2.55 m,因而有这个宽度左右

根据使用高度决定收纳的位置

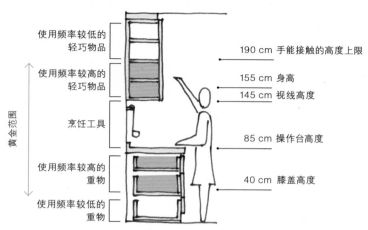

使用频率较低的
轻巧物品

使用频率较高的
轻巧物品

烹饪工具

使用频率较高的
重物

使用频率较低的
重物

黄金范围

190 cm 手能接触的高度上限

155 cm 身高
145 cm 视线高度

85 cm 操作台高度

40 cm 膝盖高度

理论上要将较轻的物品放在上方，较重的物品放在
下方。

就足够了。重要的是背面要有足够的收纳空间。特别是微波炉、烤箱和
电饭煲等，每天需要使用的家电制品要在转身就能碰到的地方才能提升
易用度。

另外，站立着时手能接触到的高度是最好用的区域，因而很适合存
放使用频率较高的物品；而手直接接触不到的地方则可以放置使用频
率较低的物品，从而有效提升空间使用的效率。吊挂式橱柜要尽可能装
得低一些来灵活增加可以使用的收纳空间，使得厨房简洁而易用。

认真分析一下自己的身高和动作范围后，就可以知道必要的尺寸高
低了，参考样板房的实物然后尝试着自己设计一下吧。

狭小的房间可以使用靠墙型厨房

　　对面型厨房在厨房的背面有大型的墙面储物空间,相应地也会需要更多的施工空间,因此如果没有足够的平面面积就会很难操作。在狭小空间里硬塞进对面型的厨房会使得厨房本身成为家里的一大障碍,反而变得难用起来。

　　在狭小的住宅里要保证有一块厨房专用的连续空间确实是一件难事。能高效利用有限的空间,并活用墙面和层高的储物空间计划就不可或缺了。

　　在餐厅和厨房比较狭小的情况下,当然还是推荐使用靠墙型厨房。以前曾经接手的T先生家,在仅有29.7 m²的住宅中,把其中12.8 m²大小的空间当作起居室、餐厅、厨房来使用,因此就在西侧的正面墙上定做了一套浓缩了必要功能的厨房。

　　具体的做法是在正面进去约3.6 m的地方建造一个I形的靠墙型厨

根据空间情况定制,整洁而美观

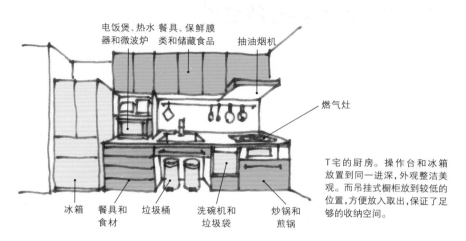

电饭煲、热水器和微波炉　餐具、保鲜膜类和储藏食品　抽油烟机

燃气灶

T宅的厨房。操作台和冰箱放置到同一进深,外观整洁美观。而吊挂式橱柜放到较低的位置,方便放入取出,保证了足够的收纳空间。

冰箱　餐具和食材　垃圾桶　洗碗机和垃圾袋　炒锅和煎锅

房,和冰箱呈一列排布。冰箱的进深为65 cm,和橱柜本体差不多相同,因此可以排布得很整洁。在水槽左边是放家电的开放式棚架,以及餐具和食材的收纳柜。操作台下面有进深的地方做成抽拉柜,放烹饪器具和餐具等会比较方便。

并且吊挂式橱柜也安装得比通常情况略低,这样更易使用。水槽下面容易潮湿的地方设计成开放式空间,作为移动式垃圾桶的存放空间。

在现有的整体厨房没法满足需要的组合方式时,像T先生的案例中一样大胆定制一套厨房也挺不错。在有限的空间内,下功夫把必要的物品放入必要的场所里,就可以营造出一个功能齐全且紧凑的厨房来。

视觉美观的冰箱摆放场所

对面型厨房布局里最让人头疼的地方就是放置冰箱的场所了。一般来说冰箱的进深和橱柜本体一样是65 cm左右,因此可以整齐地和橱柜并排放置。然而要和餐具柜一起摆放时,由于餐具柜的进深一般是45 cm,所以冰箱就会凸出来一些。以前市面上也有薄型的冰箱贩卖,由于需求量较少的原因,很可惜现在已经买不到了。

从布局上来说,水槽的附近一般是用来放冰箱的,然而走道上若只有冰箱突出来一块则反而会很影响使用。

因而在冰箱背后的墙面上施工来挖出一块凹陷,使得冰箱和餐具柜前端可以平整,看上去更美观并且也不会影响到厨房使用。如果墙面施工有困难,也可以反过来把橱柜加深到和冰箱齐平,一样可以让橱柜整体整齐易用。

另外,冰箱一般都是向右开启的(铰链安装在正面右侧),所以需要将冰箱放在厨房左侧的时候,为了使用方便就最好购买左开门的冰箱。

操作台附近的线条整齐美观

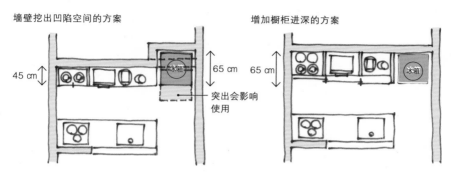

墙壁挖出凹陷空间的方案

增加橱柜进深的方案

45 ㎝

冰箱

65 ㎝

65 ㎝

冰箱

突出会影响使用

如果可以对冰箱后方的墙壁进行施工则推荐这个方案。

后方墙壁不方便挖出空间的时候,可以通过加深橱柜的进深方式来让整体线条趋于平整。

有些厂家虽然也生产双方向均可开门的冰箱,但最好用的还是双开门(法式双门)形式的冰箱。这样站在正面就可以取出食材,开门关门需要的空间也更省,因而比较推荐。

成也冰箱,败也冰箱。在改造和购入新房的时候一定要对厨房的布局做一个认真细致的研究。

两代家庭共用的主副厨房

两代家庭共用的住宅里，基本上厨房都是每代人独立使用的。即便是一家人，两代人的生活时间和饮食习惯也是不尽相同的。在烹调和整理上的时间先后差异导致了单个的厨房会使另一代人容易介意厨房情况。而在饮食喜好上的差别使得两代人对于厨房的布局和必要设施的理解也存在不同。

即便如此，已经退休的长辈和还在工作的小辈生活完全分开也有点过于落寞，更别说两代人都还在工作的情况下了。而且既然住在同一个屋檐下，再分开使用两套功能可能重叠的厨房设施未免也有些浪费了。

所以我推荐将两套厨房分为主副厨房，根据需要来使用的方案。两代家庭平时都使用主厨房，生活时间段差异较大比如早晨之类的则分别使用。

事实上相比过去，现在用水设施（厨房、洗漱间、浴室）等两代家庭共用的住宅正在增加中。一方面我觉得也许是为了减少建筑成本，而另一

能方便大家庭使用的厨房方案

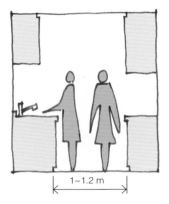

两个人一起操作时最好确保有1~1.2 m的过道宽度。

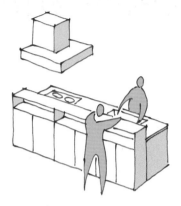

对面式厨房可以让家庭成员一边围着闲聊一边烹饪。

方面可能是经过地震后家庭关系变化的结果吧。

两代家庭共同使用的主厨房中最重要的是要确保活动空间充足。一个人使用的厨房只需要过道有80 cm左右就够了，而两个人使用则最少需要有1 m，这是两个人可以侧着往来的最小宽度了。然而超过1.2 m以后，则会使得在橱柜和厨房电器之间往来的移动量增大，反而变得不方便。

另一个需要重视的地方是操作台的宽度。两个人同时使用最好要有90 cm左右的宽度，I形操作台则要保证厨房本身跨度有2.55 m以上。岛型厨房等对面式厨房可以让对面一方也能方便操作，这样的形式可以让家庭成员一起享受愉快的烹饪时光，其间穿插着闲聊也能增进两代家庭的关系。

易用的厨房收纳方案

厨房是住宅中最注重功能性的场所。烹饪用具和厨房电器等需要的储物空间也是住宅中最多的，而且餐具和食品等的收纳极大左右了每天家务效率的高低。而厨房本身可以视为一套巨大的"家具"，因为其内部空间最好都能有效利用起来。接下来就讲一下易用的厨房储存方案中的要点。

首先是厨房操作台下的储物空间设计成抽拉柜。这样不用弯腰，站着就可以存放物品，使得易用性得到飞跃性的提高。而且抽拉柜内部也可以得到充分使用，让储物空间更充分利用起来。

近来的抽拉柜滑轨还具有缓冲关闭的功能，使得易碎餐具的取出和存放也变得更加安全了。价格上虽然比开门式橱柜要高一些，但我认为抽拉式橱柜的选择价值也更高。

而吊挂式则推荐使用开门式橱柜。双开门方式的开合简单，收纳物

吊挂式橱柜使用开门结构后收纳状况一目了然

使用带把手的储物箱后不仅存取方便,而且能有效使用橱柜深处空间。

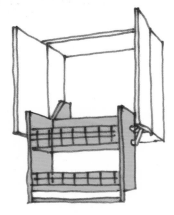

升降式的吊挂式橱柜。虽然存取的时候相对方便,但是可用容量和承受重量都很有限。

品也一目了然。从安全性方面考虑拉门式虽然也不错,但是间隙和滑轨的积灰又很让人在意。在使用开门式橱柜的时候当然一定要安装能感应震动的自动门闩以应对地震的发生。

很多人会希望安装有升降装置的吊挂式橱柜,就我个人来说并不推荐这种形式。事实上升降装置会消耗掉不少储物空间,并且由于其重量限制而会陷入无法收纳稍重物品的窘境。而且一样需要花费几万日元的情况下,购买踏板和带把手的储物箱反而功能上更有优势。

厨房本身也好,吊挂式橱柜也好,都要尽量购买能最大程度利用内部空间并且日常功能易用的商品,来提高厨房使用的满意度。

使用折边式操作台来扩展狭小的烹饪台

　　厨房里虽然满是烹饪设备，然而绝对不能忘记还有烹饪台存在。狭小的厨房里由于无法保证其宽度，因此经常会使其变得难以使用。

　　以前设计的 K 先生的住宅里，厨房本身和其他收纳家具要安放在一个正面宽度只有约 3.6 m 的带鱼一样狭长的空间里，还要保留过道。因此厨房本身只有 1.8 m 的宽度。水槽和燃气灶最少也需要各 75 cm 的宽度，在 1.8 m 宽的厨房里就只留下 30 cm 的操作台部分了。然而操作台最好要有 60 cm 以上宽度。

　　于是我就在橱柜的侧面安装上了可活动的折边式操作台。和橱柜侧板形成一体的折叠平板可以抬上来并用扣具固定住边角，这样在过道一边就可以有一块 40 cm 左右的额外操作台了。这里可以方便地作为放置食材的地方以及烹饪台来利用，可以补足操作台本身大小的不足。

　　设置一块在厨房作业时才搭出来的折边式操作台，既可以在平时

只在必要的时候展开的操作台

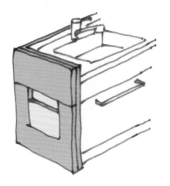

不使用的时候可以平整地收起在侧板
旁边。

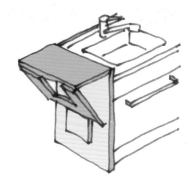

将顶板抬上来并用扣具固定住边角，就
可以得到一块烹饪操作台。

保证通往深处房间的过道宽度，又可以让厨房功能完善且看上去整洁
美观。

　　改造中要通过对必要的部分认真考量，再琢磨出能在有限的空间里去
解决各种不方便以及不满意的地方的创意。

洗碗机是家庭团聚时的强力助手

　　人们所憧憬的厨房设施的头一项就是"洗碗机"了。由于用餐后整理更方便、相比手洗用水量也更少等优点,在厨房改造的时候越来越多人会使用起洗碗机。而另一方面,也有不少人对洗碗机怀有诸如会不会损伤餐具、是不是能真正洗干净等不安而踌躇不决。

　　确实以前的洗碗机对于顽固的油污、剩饭残留等会有没法彻底洗干净的问题存在,但是最近的洗碗机在性能上有了客观的提升,大部分的脏污都已经能清洗干净了。

　　洗碗机现在是家庭聚餐后享受团聚快乐的强力助手。只要有一个人把剩下的餐具整理好放到洗碗机里去,接下来洗碗机就会自动清洗干净。这种意义下的洗碗机可以说是"家庭成员团聚时间的制造装置"。

　　洗碗机按大类可以分为嵌入式和桌上型两种。考虑以后再买的人可能会选择桌上型的洗碗机,而我是绝对推荐嵌入式的。桌上型容量较

抽拉型的嵌入洗碗机更易用

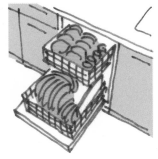

抽拉型的洗碗机从上方观察更容易，并且不用弯腰就可以放入取出，非常方便。

全开型容量虽然更大，但是开着门放入以及取出餐具会比较困难。

小，并且会使操作台可用空间变少而使得厨房易用性降低。而嵌入式则不会造成麻烦，只需要从水槽里把餐具放入其中即可，运作起来也更稳当。噪声较少因而在夜间使用也不会造成太大影响。

　　嵌入式洗碗机又可以分为全开型和抽拉型两种。全开型多数是进口商品，容量大并且清洗能力也更强，但是安装时需要额外的排管空间，不容易安装到整套的整体式厨房中。

　　日本国产产品则以抽拉型为主，每个部件模块也可以单独替换，不怕万一发生故障后的修理事宜。尺寸有45 cm和60 cm两种，4~5人的家庭使用45 cm型号就足够了。有大尺寸的餐具或者经常有宾客来访的住宅里则可以选择60 cm的型号。

抽油烟机的可维护性非常重要

厨房的保养应该重视什么？操作台上使用不凸显油污的素材？或者在橱柜门上使用不容易老化的材料？然而都不是，事实上这里要说的是，抽油烟机的可维护性非常重要。

以往说到抽油烟机一般主流的都是扇叶换气扇外套上外罩的样式。在清理的时候需要探到深处，再把扇叶取下来，往往还会弄得脸上也满是油污。抗油污的方式也仅仅是在不锈钢网外面套上市售的无纺布滤网。这样也只是把清理时候的烦恼稍微减少一点。

但是实际上使用滤网会使得换气扇的吸力减少而造成排气能力下降，而且沾满油污的滤网完全暴露在外面，非常不美观。作为可燃物来说也不能满足防火的要求。

最近的产品中，离心涡轮风扇型有取代扇叶型成为主流的趋势。

易于养护的离心涡轮风扇的构造

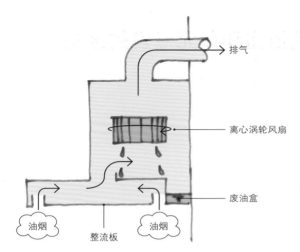

排气

离心涡轮风扇

废油盒

油烟　　整流板　　油烟

通过桶型风扇的旋转，用离心力把油污吹散并集中到废油盒里。没有滤网的型号不容易引人注目并且排气能力也不会降低。

通过桶型扇叶旋转产生的更强的离心风力，使得换气能力也得到了极大提升。其中还有一些是没有滤网的型号，在换气扇的下部通过整流板来粘住油污，使得清理工作变得更轻松。而且还有些新品内部通过扣具连接，可以免工具拆出内部部件，极大减少清理工作的强度。

对于做出美味料理、享受愉快的厨房时间来说，能够省出家务活投入这一要素也很重要。在选择厨房机器的时候请一定要考虑易于维护的产品。

传统构造方法的浴室和单元浴室的区别

在木结构住宅的改造过程里拆除了浴室后，往往会看到地基和立柱上的创痕。建造年数在20年以上的木结构住宅中，通常会使用砂浆打底铺上瓷砖的方式，也就是传统构造方法来建造浴室。由于防水工作没做好而漏水，或者内部结露等原因，会有很多地基和立柱腐朽的案例。

另一方面，结构和设备分离的单元浴室使用FRP（纤维增强复合塑料）和钢管来搭建，借助浴室内部两层的结构来提高防水性能。各路厂家提供了从平价到奢华兼有的大量的产品。而且由于和住宅的结构部分独立开来，改造也相对容易。

由作为建筑师的我来说虽然不太合适，但是其他建筑师和有强烈情怀追求的房主还是会偏向于传统构造方法的浴室。不仅能够原创设计，而且也能够和其他用水设施以及住宅整体的颜色、素材等风格相统一。

使用单元浴室后防水方面万无一失

单元浴室

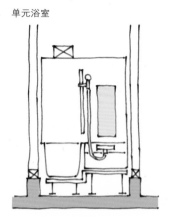

结构和基材分离化，防水性更高。

传统浴室

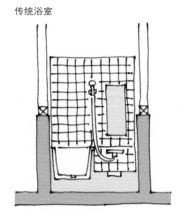

结构和防水基材一体化，有漏水的风险。

而单元浴室可以让一些难以实现的设计变成可能，对于设计师来说，选择这一方案也就可以理解了。然而做不好严密的防水施工的话，也常伴有漏水或者结露的风险。

而且传统构造方法中，浴缸常罩在使用砂浆制成的地漏上，浴缸里容易发霉，非常不卫生。就这点来说，单元浴室使用排水管来连接浴缸，因此只要清洗排水管就够了。

即便如此，如果厂家为了增加附加价值而添加了不必要的功能和要素的话，其费用也会上涨。我个人觉得将设计更简单的标准型号商品化之后，能更有利于长久使用的住宅的建设，也希望厂家可以多加考虑。

为了解决这样的烦恼，我经常采用半单元浴室的方案。关于这点将在后面做出说明。

各取所长的半单元浴室

单元浴室作为成品部件，只能从厂家提供的产品中做出选择。在结构上对墙面开口尺寸和接口部件的连接方式也有所规定，根据自己的计划再去选择时，产品的选择面就很狭窄。

在单元浴室没法满足设计要求的时候就推荐使用半单元浴室的方案了。这是一种浴缸和防水地漏一体化，只在功能非常重要的部分采用单元浴室部件的方案。虽然尺寸和浴缸的素材受到限制，但是墙面和屋顶的加工方式却没有限制，窗户尺寸和屋顶高度等都可以自由设定，是一种较优的方案。

O先生的住宅中，浴室原本是用砂浆基材贴瓷砖的传统构造方法制造的，但是隔热性较差，清理也非常麻烦。O先生希望可以将其改造成"像宾馆里那样和洗漱间一体化的浴室"，使用现有的单元浴室方案很难

富有设计感的开放式卫浴

通过和洗漱间一样的白瓷砖墙来营造用水设施空间的统一感。通过大型窗和玻璃门来营造开放感。

实现这样的要求，所以我就提出了半单元浴室的方案。墙面使用了和洗漱间一样的瓷砖，隔墙和门上大量使用玻璃，从而使其转变成为易于清理并且富有设计感的浴室。

在有限的空间中营造开放感的关键就在于"视线的穿透"这一点。比如说浴室，通过提升和洗漱间的整体感以及和屋外的连续性等，都可以使得实际面积以上的开阔感觉成为可能。

在木结构的住宅中要能兼顾设计自由度和耐久性，我觉得半单元浴室绝对是不二之选，请一定要考虑一下。

现有单元浴室再利用的要点

整体改造成单元浴室是件易事前面已经叙述过了，反之，对现有单元浴室可以再行利用也是其一大特征。

M先生的住宅是有37年建造历史的公寓住房，虽然有整体框架改造的计划（结构以外的所有内部装修和设备都替换新品的改造方案），但是出于费用限制上的考虑，我就想其中几年前刚更换过尚新的单元浴室是否可以继续使用下去呢。

在公寓住房改造中，如果要大幅改动用水设施的位置的话，为了保证排水管斜坡（为了能保证排水通畅，排水管是倾斜布置的）就可能需要对地面做出倾斜落差的改造。这种情况下能够在原位置继续使用M先生现有的浴室是最好不过的，但是其隔壁的洗漱间过于狭窄而无法摆放洗衣机，因此就在不影响现有排水管斜坡的前提下，将现有的单元浴

通过小幅平移让用水设施更舒适

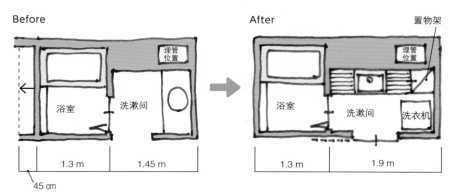

Before

| 浴室 | 洗漱间 |
| 1.3 m | 1.45 m |

45 cm

为了不影响埋管位置的排水管斜坡，
仅将浴室平移了45 cm。

After

置物架

埋管位置

| 浴室 | 洗漱间 | 洗衣机 |
| 1.3 m | 1.9 m |

由于空间变得更宽敞，便能容下洗衣
机和置物架的位置。

室做出仅仅45 cm的移动来继续使用下去。

　　但是单元浴室在组合的时候会使用螺钉或者黏着剂来固定管道，一旦拆解之后就不能保证原本部件的防水性能不变了。而用新品去替代拆解之后的部件则在成本上与购买新品无异，因而拆解并不是一个很好的方案。

　　因此最后就决定将周围的墙面和地面拆除，将整个单元浴室做水平移动。最后就使其与洗漱间的位置关系发生一点变化，让洗漱间变得更宽敞，同时在浴室里新增取暖烘干机，令整个用水设施变得易用且给人的印象耳目一新。

　　像上述这样可以通过平移来对原有的单元浴室再行利用，但是如果移动距离超过排水管斜坡之外的话就会比较难以施工了。

　　另一方面，木结构的住宅会受到地基和梁的限制，做出移动的设计不像公寓住房这么容易。当然如果有尚能使用的设施的话，不妨尝试研究一下在原位置继续使用现有设施的方案。

根据生活方式选择浴室的墙面材料

　　单元浴室的恼人之处在于其设计款式既定，墙面加工材料的选择面也很窄。而传统构造方法和半单元浴室在这点上就有较大的选择面，可以根据期望的效果以及生活方式来选择不同方案。

　　浴室墙面主要使用的加工方法有天然石材、瓷砖、镶嵌板、涂刷等方式。

　　天然石材有独特的厚重感，可以在自家住宅中营造出温泉旅馆的浴场那样的气氛。然而因为其是一种热容量较大且慢热的素材，如果入浴前不能充分加热则享受不到天然石材的优点。材料本身价格相对较高，而且要注意根据石材种类以及表面加工方式的不同，养护方面也会花费不少人力时间。

　　瓷砖一直都是常用的墙面材料，是一种易于设计使用且洁净美观的材料。光滑表面较适宜于用水设施，但是接缝处不可避免容易变脏。不

不同的墙面材料营造出完全不同的气氛

墙面和屋顶使用镶嵌板后,浴室充满
自然气息。

粘贴大块白瓷砖的浴室里充满时尚干
净的氛围。

过最近有种新的防霉接缝材料,相比以前来说养护起来确实轻松很多。

镶嵌板常使用桧木或者花柏木制成,不仅看上去柔和,而且有特别的香味。虽然说都是用耐水性较强的木材制成的,但是入浴后不能充分干燥依然会有长霉斑的可能。在通风较差的浴室里推荐和烘干机一起使用。

涂刷是最简单朴素的方式,由于其用来保护防水层和基材,所以绝对不能用坚硬毛刷等来刷洗。虽然有成本优势这一吸引力,但是老化也比较快,并且容易产生裂痕,需要频繁地重新涂刷。

同一个浴室使用不同的墙面加工方式也会大幅改变其给人的印象,因此根据所需性能以及易用性来做出选择即可。

选择易于清理的洗漱化妆台型

　　最近的定做型洗漱台流行一种把洗面盆直接安放在台面上的"器皿式"式样。这是一种在宾馆里常见的设计形式，因为其简洁而没有生活的琐碎感易给人以好印象。

　　然而只是根据直观印象去选择这样的洗漱台的话，在有小孩子的家庭中孩子洗手时难免水花飞溅弄脏台面，使得每天的清洁工作变得繁重，难说最后不会变得一片糟糕。而且器皿式的洗面盆比一般的通常都要小一些，洗脸幅度大一些，或者早上起来洗发都不太好用。宾馆这样经常有人清理的场所尚且可用，在家里还是要仔细考虑是否要采用。

　　其他的台面和洗面盆的安装方式还有比如"台面一体式""台下式"和"半台下式"。

　　住宅中最常用的是没有接缝易于清理的台面一体式设计。最适合有孩子的家庭以及需要在早上洗发的人。

台面和洗面盆的安装方式

台面一体式

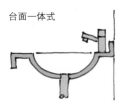

与洗面盆没有接缝而易于清
理的形式。

台下式

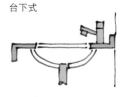

在台面下安装洗面盆的形式。

半台下式

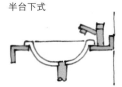

将洗面盆嵌入台面的形式。

器皿式

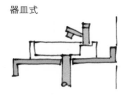

方形截面的洗面盆直接放置
在台面上的形式。

  台下式虽然洗面盆在台面下方不容易水花飞溅,但是在台面和洗面盆的接缝处有容易长霉斑的难点。并且台面只能使用吸水性差的石材或者人造大理石等材料,木材料的台面则切口处(材料的横截面)很快就会损坏。

  半台下式是在台面上方嵌入洗面盆的形式,和器皿式一样不用拘泥台面的材料问题,但是需要频繁清理从盆中飞溅出来的水花。

  洗漱台不仅要从整体氛围的方向去考虑,也要根据用途和台面的材料以及清理的方便程度等细致入微地考量,然后再做出合适的规划来。

活用洗漱间有限空间的收纳方案

　　"要用器皿式洗面台，台面下也不需要收纳空间，做成开放式，用间接照明来照亮化妆镜……"

　　最近的房主常会提出"想把洗漱间弄得豪华一些，像是宾馆那样的"这样的要求。然而实际试用一下这种宾馆式样的洗漱间之后，就会知道在日常使用中并不是那么整洁美观了。洗漱台上会放上化妆品等，台面下面往往也会被篮子或者储物盒之类的塞满。

　　观察一下成品的洗漱化妆台后也很容易发现，台面下面也是非常宝贵的储物空间。类似沐浴露和毛巾等，还有各自的化妆品内衣之类，家庭成员越多越明显，而且会以可观的速度增多起来。

　　这时候洗漱间的收纳规划就非常重要了。洗漱间空间有限，然而需要收纳的物品却不少。因此需要根据家庭成员构成以及易用性方面的

顶着屋顶活用整面墙来增加收纳能力

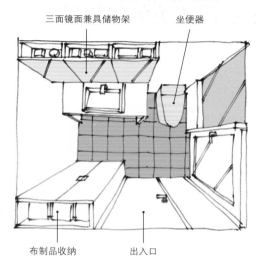

三面镜面兼具储物架

坐便器

O宅的洗漱间方案。通过大容量的镜面后储物柜以及布制品收纳柜，让台面保持整洁美观。

布制品收纳

出入口

考虑，做出必要的场所添加和必要的储物空间的规划。

　　以O先生的住宅为例，为了使洗面台看上去整洁美观，用上了三面镜面来构成化妆镜整体，而化妆品都放到专门的收纳空间里。在其背面则搭设一直到屋顶的储物柜，用以确保沐浴露、清扫用具以及毛巾内衣等物品的放置空间充足。

　　想要保持洗漱间设计美观并且空间整洁就需要相应的收纳能力来支持。请牢记在对洗漱间进行设计的时候，要一并考虑储存场所以及储存方法的规划。

明亮且易用的移门式镜面储物架

公寓住房和小区住房的改造中，窗户位置往往是不能更改的，有时候就会对方案实施甚至日常中的易用程度等造成影响。

S先生的住宅购买自集体住宅开发商（住宅公团，20世纪60年代在都市圈兴建新型住宅区的日本国有公司），是有25年建筑年龄的小区住房。洗漱台的正面有一扇小窗，导致无法直接放置化妆镜而将其安装在了左侧墙上。因此在化妆或者剃须的时候就不得不把身体折过来，感觉相当不方便。即便如此填上窗户也不是办法，住宅内也没有其他空间可以安置洗漱间。

所以后来就决定定做一个放在窗前的镜面移门式储物架。为了确保采光不受影响所以保留了原有的窗户，而窗户两侧则安设了装有镜面移门的储物架。储物架的门不采用开门式样而采用了镜面移门式样，这

简洁然而功能超强的"窗户+镜面+收纳"结构

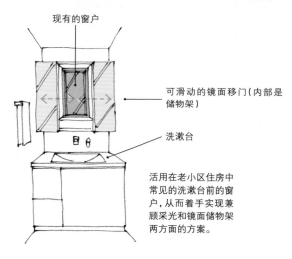

现有的窗户

可滑动的镜面移门（内部是储物架）

洗漱台

活用在老小区住房中常见的洗漱台前的窗户，从而着手实现兼顾采光和镜面储物架两方面的方案。

样通过滑动使得镜面位于窗户前面。在这样一个简洁的空间里，镜面移门可以在需要的时候才移到面前，并且可以兼顾储物架的移门功能，实现了易用性极大程度的提高。

即便在这样严格的条件制约下，下足功夫灵活运用技巧解决问题正是改造的精髓所在。透彻地去思考家庭生活所必要且符合住宅大小的方案是很重要的。

使用无水箱卫生间方案提升装修美感

  这20年间坐便器的进化突飞猛进。我刚开始做设计工作的时候,坐便器种类之少,我甚至可以把型号背出来;而1980年带洗手水槽功能的卫生间出现以后,卫生间的形态一举改变了。甚至有很多过去在日本国内受到各种条件限制而不能使用的进口产品现在也变得可用且繁盛了起来。

  其后原先作为设计上不雅观的坐便器也在取消了水箱之后成了个性化的设计,具有清洗功能的遥控器也做成了遥感形式,卫生间空间也被作为内部装修空间设计了起来。

  有水箱的坐便器比无水箱的型号多占用10 cm左右的空间,并不是非常大的差别。但是对于狭小住宅中的卫生间来说,10 cm的差别也会影响人对空间的感受了。

  通常的无水箱卫生间中需要使用泵来冲洗,所以电源插座是必需

尺寸差别使得观感也有很大差距

无水箱卫生间

约100 cm
约65 cm

没有水箱因此外观简洁,但是需要额外
的洗手水槽。

低水箱卫生间

约89 cm
约76 cm

虽然需要更大进深空间,但是成本更
低。停电的时候也可以继续使用。

的。因此有一点请牢记,在停电的时候是没法使用的(各厂家关于停电时的使用方法均有解说,请参照各家的主页)。并且因为没有水箱的缘故,洗手水槽也需要另外设置。无水箱卫生间虽然从便利程度和装修美感来说确实更高,另一面来说额外的洗手水槽也会增加设备上的支出。

因此在别墅改造中我往往会推荐两处卫生间中的一处要使用有水箱的坐便器。而宾客使用的卫生间为了重视设计美感可以使用无水箱卫生间,家庭成员则还是使用有洗手水槽水箱的卫生间。万一停电的时候,至少有一处可以继续使用也令人更安心。

顺便提一点,自动清洗功能也好,坐便器盖的自动开合功能也好,这样那样的自动化方案都是需要认真思考的事情。特别是自动清洗功能,要注意习惯之后在外面上卫生间往往会疏忽大意忘记需要冲洗的事情。

根据身体状况增加卫生间的无障碍设施

自从2006年无障碍法实施以来，卫生间和公共设施里一直都设有残障人士专用卫生间。随着社会的老龄化发展，适合轮椅使用的个人住宅也开始增多起来。

一般残障人士所使用的卫生间为了方便轮椅使用会有2 m见方的空间，但是对于面积受限的住宅来说很难保证。

通称虽然都是残障人士专用卫生间，但是根据残障状态不同，需要的设施和布置以及尺寸也不尽相同。特别是在个人住宅里，需要应对使用人的状况细致处理。

比如在K先生的住宅里，为了他脑梗死而右半身麻痹的长子使用方便，增设了轮椅，并对卫生间进行改造使其可以只用左手使用。

利用变形的建筑形状，将洗漱台和坐便器向靠近内侧的方向移动放

轮椅和单手生活均能方便使用的卫生间

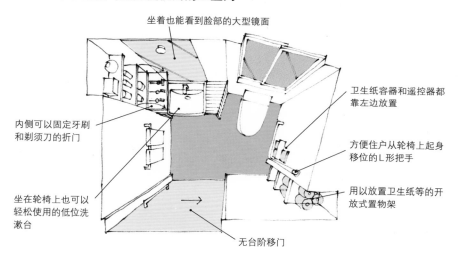

坐着也能看到脸部的大型镜面

卫生纸容器和遥控器都靠左边放置

内侧可以固定牙刷和剃须刀的折门

方便住户从轮椅上起身移位的L形把手

坐在轮椅上也可以轻松使用的低位洗漱台

用以放置卫生纸等的开放式置物架

无台阶移门

置。在墙面上安置把手方便把握，仅使用左手就可以从轮椅上起身移位。洗漱台的左侧墙面上设有壁龛储物架，折门内侧挂着牙刷和剃须刀，这样可以仅用左手就能完成洗漱剃须等。

为了辅助设计，我们借助了卫生器具厂家的研究所，让用户本人实际去参与到日常活动的模拟中，从而知道机器一类便于用户行动的布置位置，对易用性做了一定的研究。

身体行动不方便的各位也要根据各自不便程度的差异，像这样从很细小的地方去做设计。要去考量没有他人的护理，而通过自助努力的方式使生活更轻松的方案，我觉得这才是无障碍设施化的真谛。

采光和开放感两全其美的 2 楼起居室

　　建造在建筑密集地的别墅住宅想要通过改造来改善采光和通风条件不是件易事。即便 1 楼的窗户做得很大也不能保证足够的采光和通风,只能看到邻居家的墙壁反而苦不堪言。

　　位于东京旧城区的 T 宅处在巷子深处,东西两面的窗户打开后几乎就能触到邻居住宅。1 楼的起居室白天不开灯时一片昏暗,通风情况也不佳。另一方面 2 楼南北方向开有窗户,中央部分以外的地方日照相对良好,日式移门拉开后空间通风也很不错。

　　因而改造时就将上下楼的布局颠倒一下,把起居室、餐厅、厨房移到 2 楼。1 楼则是卧室和用水设施等不太需要采光的房间。根据周边环境对布局做了重新构建。

　　说到 2 楼的起居室也许会有人感到上下楼梯非常麻烦,但是只要缓和一下楼梯的坡度并安装上手柄就会变得不那么累了。实际上和卧室

改变屋顶的形状从高处窗户引进阳光

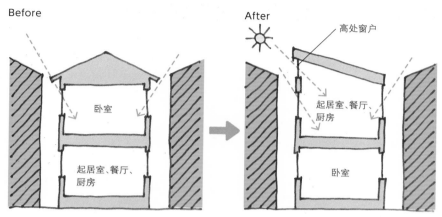

被邻居住宅遮挡住，度过大部分时间的起居室、餐厅、厨房基本上是阳光照射不到的状态。

起居室、餐厅、厨房设置在2楼，屋顶形状的变更以及高处窗户的安装使得阳光能够照射进来。

以及晒台在2楼的住宅相比，上下移动的量也并没有太大差异。考虑到白天活动时间更多，将起居室设在日照情况良好的2楼好处并不少。

而且从结构上来说，2楼相比1楼有着可以少一些承重墙（用以支撑建筑并对抗地震的横向摇晃的墙壁）、更易建造隔墙、更少窗户、更大更开放的空间的优点。况且拆除屋顶板之后，屋顶内侧的空间可以和室内并在一起使得屋顶更高，安装天窗和高处窗户之后即使是在建筑密集地也能预期会有充足的采光。

居住在都市里的方便性和舒适性两全其美的2楼起居室改造，各位也不妨考虑着尝试一下。

通过电视机的位置来决定起居室

地面数字信号和超薄型电视机的出现使得起居室空间发生了很大的变化。以前的CRT（阴极射线管）电视机由于其进深要求往往只能稳坐在起居室的中心位置，可以放置的场所非常有限且非常麻烦。超薄型电视机则可以选择放置的场所，甚至可以直接挂在墙上。

并且因为地面数字信号的普及，为了欣赏更精细漂亮的电视画面，电视机也在向着大型化发展，而今60英寸（约132.76 cm × 74.68 cm）的电视机也不少见了。

但是画面变大的同时也需要有相应足够大的"墙面"位置。以往只需要约90 cm的墙面就足够了，现在如果没有约180 cm空间则没办法妥善安放。

另一方面，最近的住宅为了更高的开放性而选择了大型化的窗户，特别是南侧的外墙面，窗户和墙壁争夺的空间本身就已经变得很紧张了。东侧、西侧和北侧如果有大块墙面那还尚可，若考虑到和相邻的庭

兼作背景板使用的移门可以根据功能需要成为隔墙

平时则作为电视机背景板使用的移门。两侧
开口使得视线可以向深处延伸。

关上移门则显现出从原本左边位置移过来的
承重墙。

院以及房屋的连接部分,还要实现开放式的平面布局就有些困难了。

　　比如在O先生的住宅里,一个原本是和室的房间和起居室连成一整块空间,在重新隔开的问题上就花费了不少功夫。原本的和室位置用约180 cm宽度的墙和移门来划分,去除墙面可能会影响抗震性能,所以就将其向房屋的中央侧移动了约90 cm,在两边安装上顶到屋顶的移门。通过在隔墙两边设置开口的方式,使得起居室向深处延伸,也让两个空间的延续感得以提升。

　　移门在平时完全敞开并作为电视机的背景板使用。根据需要也可以成为深处书房的活动式隔墙。虽然只是一些小小的创意,但是可以在起居室的中央位置放置电视机,并且空间感更宽敞,因而得到了客户的好评。

在设计中活用现有的结构部分

　　提升抗震性能是木结构别墅住宅改造中的一个重要目的。1981年以前，也就是新抗震基准出来以前的建筑，其承重墙（用以支撑建筑并对抗地震的横向摇晃的墙壁）的平衡性较差，甚至有不少建筑根本没有抗震性能。

　　木结构住宅的构造方法中，有用柱和梁来支撑的传统构造方法（木结构框架构造法），以及Two-by-Four构造方法[以约5.08 cm × 10.16cm（2 in ×4 in）的材料为基准的木造框架组合墙壁构造法]两种方法。一般使用Two-by-Four构造方法时，主墙的移动较难做，很难对平面布局做出大幅变更。

　　与之相比，传统构造方法中立柱和墙面的移动就比较容易做到。即便这样，优先考虑平面布局而把立柱和墙面去除的做法也是需要慎重考虑的。否则可能对抗震性能产生影响。

　　以H先生的住宅为例，在对厨房进行对面式改造的过程中要对现有

将架构立柱活用到装修风格中

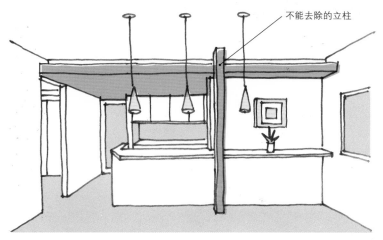

H宅的起居室、餐厅、厨房。中央的立柱和厨房的屋顶为统一颜色,增加了空间的风味。

的墙面做拆除工作,然而中央的立柱却正好支撑着2楼地面横梁的连接处。虽然去除立柱后也可以通过"梁托连接件"(在梁和桁等横向结构材料连接处下方填入用一辅助加固的部件)来辅助加固,但是结构上会造成其负担加重,而出于将旧木质材料独特风味活用于装修风格的考虑,最后反而把立柱留了下来。通过压低厨房的屋顶高度,并用间接照明打亮和起居室的落差部分,从而构造出立柱和屋顶呈十字正交的设计式样。

又比如在O先生的住宅里,在移动楼梯的过程中也有一根不能去除的立柱,于是就将其活用在边上并排摆上同样尺寸的立柱,从而营造出一列立柱屏风来。

公寓住宅也一样。如何在方案和设计中活用立柱和墙面、横梁等现有部件正是改造的精髓所在。将不利化为优势也正是改造的价值所在。请一定要绞尽脑汁去好好尝试一番。

多功能的"父母工作角"

在改造住宅的时候不少房主提出了需要一个"丈夫专用的书房"或者"妻子每天做家务事用的房间"等要求。在面积足够的住宅中这么做并没有问题，但是对于面积有限的住宅来说，设置一个独立的房屋就是个大难题了。

这种情况下我会提议构建一个"父母工作角"。在起居室和大厅等比较空余的空间的一角摆上一个工作桌和若干储物空间，来新设一处可以进行电脑工作、写字和家务事等的多功能空间。

例如在S先生的住宅中我就在起居室连接到厨房的一角设计了这样一个父母工作角。给原本就经常需要对着电脑写邮件看DVD的太太定做了一个可以在做家务事的中途使用的工作桌。在桌子下面则放有储物篮、打印机等。在上方还设有吊架，可以大量存放自己喜欢的DVD。而电脑是共用的，所以丈夫在休息日里也可以使用，在做料理的时候也

设在起居室因此日常使用也很方便

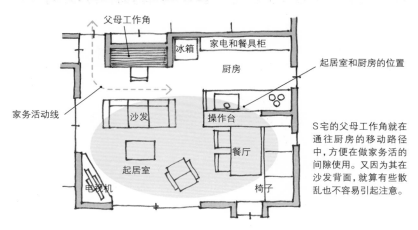

父母工作角

冰箱

家电和餐具柜

厨房

起居室和厨房的位置

家务活动线

沙发

操作台

S宅的父母工作角就在通往厨房的移动路径中，方便在做家务活的间隙使用。又因为其在沙发背面，就算有些散乱也不容易引起注意。

起居室

餐厅

电视机

椅子

可以一边看着菜单一边享受料理的乐趣。

　　而另一个O夫妇的例子中，因为两个人都喜欢看书的缘故，所以就在起居室里稍微隔开设计了一个读书角。贴着墙面制作了一张长桌，从而营造出一个可以享受安稳的读书氛围的空间。

　　根据个人情况不同，有些对时间比较重视的家庭就会需要一个开放式的学习空间和工作空间等。可以考虑一下这种能活用现有空间并增加家庭间交流机会的父母工作角。

小型物件可以迅速整理干净的结构设计

在和客户进行改造商谈的时候,往往会写下"增加储物空间"的要求。家庭成员增加的时候,物品也不可避免地会多起来。特别是在同一个地方需要长久居住的家庭基本上也没什么弃物的机会,几十年间收纳的物品就会满出来。

当然反过来看一下自己生活中真正需要的东西,就会明白其实数量意外得少。比如说对于在都市商圈中心生活的人来说,车就是一个例子。在工作使用以外,基本上一周五天里私车就是在车库里发发热而已。作为移动工具来对待私车的话,也许还是租车或者拼车会更理智一些。

话说到如此,在住宅收纳空间中最重要的还是物品各有各适合的收纳位置。大件物品虽然不用多管具体放在哪里也算是一种收纳方式,但主要的问题就在于生活中各种细枝末节地方的收纳了。

在使用场所设置收纳空间

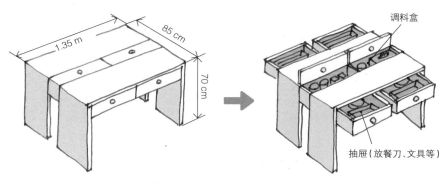

在桌面上稍微增加一点抽屉以及放小件物品的地方，就可以保持桌面整洁了。

开放式的小件物品收纳空间。坐着就可以直接拉出来使用，减少物品一直放在外面的情况发生。

对于厨房来说，整体厨房的收纳空间设计本身就很优秀，因此大抵上所有的东西都有收纳的位置，但是起居室和餐厅因为家具较多，基本上东西都是想到哪儿放到哪儿的。由于是家庭成员集中的地方，东西基本上也不放到原本所在的位置，特别是小件物品容易出现的电视机和餐桌附近需要额外下功夫。

例如在T先生住宅的开放式厨房餐厅里，通过在餐桌上安装抽屉，可以把餐刀餐垫等放进去。而在餐桌中间则设有开盖式的凹槽，可以用来存放餐桌上经常使用到的调料等，让餐厅空间变得简洁美观。

在经常需要使用物品的地方，设计一个只需要一个动作就可以开闭的"打开就可取出"式收纳空间，就能减少物品一直放在外面的状况。通过利用较浅的墙面设计一个储物架，在电视柜或者餐桌附近定制一个简易抽屉，在走廊隔墙上设计一个活动储物架以及新设立一处父母工作角等方式，根据每天生活需求来考虑收纳方案吧。

通过移门来灵活分割空间

移门是日本独有的优异的门。在西欧说到门一般指的都是拉门，在开合时需要一定的空间，而且保持开放使门板本身也会对人造成麻烦。在这一点上移门开关时人的动作幅度更小，也不占地方。西洋传入的拉门用以和外部划分空间，相对的移门的特长是稍微打开可以通风，全开则可以让两个空间连为一体。

在这个意义上，对于重视通风以及多变性的日本人的生活来说移门也更合适。可以有效活用有限空间的移门是很好的空间大小转变装置。

以 I 先生的住宅为例，和起居室相邻的和室作为主卧使用，因而用了一道日式移门隔开。和室的地面略高 30 cm，在和起居室相邻的地方设置了坐台，这样白天可以当作起居室的座椅使用。在坐台下面设置了抽屉，在榻榻米下面设置了地下储物盒，确保有足够的收纳空间。

另一个 M 先生住宅的例子中，在四个大型开放式储物架上设有两块

根据移门位置来改变用途的储物架

休闲模式

右边是电视柜,左边是开放式置物架,用以享受休闲时光。

学习模式

将移门向左右两边靠之后,书桌就会出现的结构。

根据移门开闭来灵活使用空间

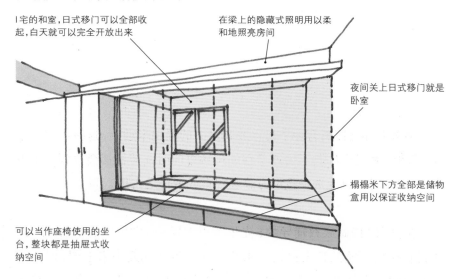

I宅的和室,日式移门可以全部收起,白天就可以完全开放出来

在梁上的隐藏式照明用以柔和地照亮房间

夜间关上日式移门就是卧室

榻榻米下方全部是储物盒用以保证收纳空间

可以当作座椅使用的坐台,整块都是抽屉式收纳空间

吊挂式移门,两块移门都移向中央后,右侧是一个电视柜,左侧则是饰品架,所谓休闲模式。反之中央部分打开后则是书桌和书架,可以当作书斋使用,所谓学习模式。这样就算临时有来客也可以马上用移门遮起来,不怕桌上东西来不及整理。

用一扇移门就可以营造出各种空间分配的可能来,这个创意请一定要考虑活用一下。

使用简单结构可以便于隐藏的桌子

　　很多人都会憧憬有一个可以放脚进去的榻榻米矮桌,这时候怎么处理"盖板"就是个问题了。通常在使用矮桌的时候盖板都会放到橱柜里去,不用的时候只能选择找地方收起矮桌或者任之占用空间了。

　　在自家2楼做家教辅导的S先生家里需要8台学生用的双人桌。以往就直接用低矮的长桌拼接起来然后让学生席地而坐来上课,但是学生不习惯这种姿势,往往会精力涣散没法集中在学习上。并且一般来说,长桌在不用时也没地方收纳,会占用很多空间令房屋变得狭窄而使人烦恼。

　　因此在改造的时候就想到了将矮桌放到地下的创意。结构上将矮桌的顶板作为盖板使用,而冂形的桌脚则可以收纳到地下。矮桌下的地面使用了脚底触感舒适的软木砖片粘贴而成,顶板内侧也贴以软木砖片,作为盖板盖上时也可以和榻榻米齐平。

能完美收纳到地下的矮桌

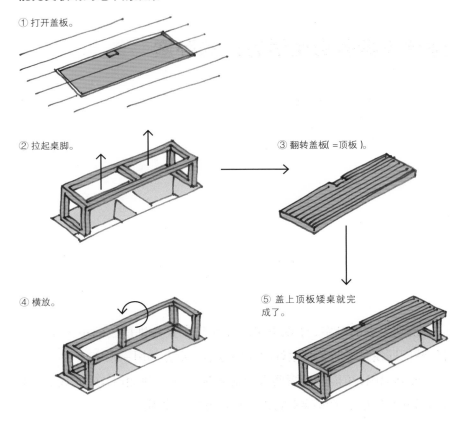

① 打开盖板。

② 拉起桌脚。

③ 翻转盖板(=顶板)。

④ 横放。

⑤ 盖上顶板矮桌就完成了。

　　8台矮桌收入地下以后房间就转变成了约30 m²的西式房间,可以立刻成为S先生母亲喜爱的草裙舞练习场所。而且可以根据学生人数方便地调整矮桌数量。

　　不少人在改造房屋的过程中会期待用到各种特别手法,然而实际操作中费时的方法并不太常用。比如使用电力设备的结构有损坏的风险,就不太适合长期使用。因此我觉得尽可能使用单纯简单且在移动和收纳时不浪费人力时间的方法是最好的。这也确实是日本住宅自古以来的传统了。我也一直铭记在心。

适合夫妻各自生活方式的卧室

说到夫妻的卧室,浮现出来的往往是两张并排摆放的单人床的式样,然而即使是平时关系很好的夫妇也不一定会共用一张床。

究其原因,可能是夫妻两人的就寝时间不一、睡相不好、打鼾、夜间频繁如厕、生理上无法接受同床等各式各样的原因。

夫妻说到底还是生活在一起的两个独立的人。新婚的时候尚有新鲜感,常年同床共枕后基本上对方的缺点也都了如指掌了。改造过程中,营造一个让夫妻双方都能舒适使用的卧室就变得重要起来了。

已过天命之年的O夫妇两人关系一直很融洽,长久以来也一直共用一张床。然而因为两个人使用同一个枕头,其中一人起床时振动也会把另一人唤醒的缘故,他们就希望能分两张单人床并成双人床样式。有约 12 m² 的空间则可以在中间设置走道,形成若即若离的布局。在将来需要看护的时候,分开独立的床也确实更方便。

卧室格局随生活变化而变

新婚期

双人床

新婚或者一直能处于熟睡状态的夫妇使用一张双人床即可。陪孩子睡觉也十分好用。

旺年工作期

两个单人床

重视就寝时间差异以及睡眠质量的独立床位，营造出更舒适的卧室。

老年期

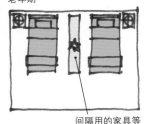

间隔用的家具等

尊重个人空间的方案。是一种若即若离而又能互相照顾的方案。

　　但是就寝时间不同或者鼾声比较大的时候就是另一回事了。年过花甲的H夫妇的住宅中，两人因为作息时间的不同所以分房就寝。两个人兴趣爱好也不相同，在属于自己的空间里可以完全沉浸进去享受其中。有时候分房使用反而更有利于夫妻关系良好。

　　即便如此，深夜里有突发状况时家人没法立刻知晓也是一个不安因素。因此在宽敞的卧室里用家具或者移门来人为制造隔墙，互相间能有一个若即若离的距离的就寝方式在高龄夫妇里面相当有人气。

　　综上所述，夫妻之间的关系会直接影响到卧室的布局，在就寝时间上有困惑或者想要怎样过日子之类的问题，最好互相间好好商量一下听听各人本意，然后再去营造一个家庭成员都能舒适生活的住宅。

安睡、小坐、储物均可使用的榻榻米床

日本的住宅自古以来都以可移动的床铺，也就是日式床垫为主流。将床垫折起来放好之后卧室空间就可以做其他用途，这是种利用有限空间的智慧。另一方面来说，每天把床垫搬上搬下外加起床后的整理对于老年人来说都是一种负担，因此在老年人房间改造时越来越多人会选择改成普通的床。

问题就在于床的大小了。住宅中最大的家具一般就是床，单人床大约需要 $2\ m^2$，2张就占用 $4\ m^2$ 的面积却只在睡觉的时候需要，但却是狭小住宅里切切实实存在的问题。

而且对于尚不习惯睡床的人来说，在过软的床垫上反而会很难入睡。而在高温多湿的日本，晴天晒干被褥享受"睡在柔软温暖的被子里"的感觉也是很重要的。

这时候我就想到了榻榻米床。这实际上也是一种集两者之长且

兼具床、收纳、座椅功能的榻榻米床

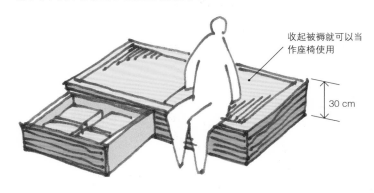

收起被褥就可以当作座椅使用

30 cm

"起床工作简便""不需要搬上搬下""收起被褥就可以当座椅"使用的好创意。

　　在这个基础上，我就在年近古稀的K先生的住宅中设计了这种特制的榻榻米床。在高出地面30 cm的床面铺上薄薄的一层榻榻米。在其下还设有装了轮子的抽屉式收纳。把被褥收拾起来就是一个略高的榻榻米空间，昼夜都可以灵活使用。榻榻米床可以移动，而不固定在地面上，将来需要看护的时候也可以替换成看护专用床。对于老年人来说确实是个宝贵的创意。

　　K先生住宅里的榻榻米床是根据房屋大小请工匠来专门制作出来的，不过最近这样的成品榻榻米床已经有贩卖了，直接购买也挺好的。

随着孩子的成长改换家具和平面布局

只要移动家具就能让布局变化过来

幼年期

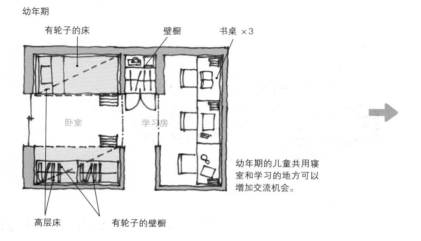

有轮子的床　　壁橱　　书桌 ×3

卧室　学习房

高层床　　有轮子的壁橱

幼年期的儿童共用寝室和学习的地方可以增加交流机会。

　　在考虑改造事宜时，孩子房间的改造方案是个非常恼人的问题。孩子的成长比预想中的更快，房间布局也是以年为单位在更新变化的。有些人在大学入学的时候就会出去独立生活，那样的话孩子的房间发挥其作用的时间也并不长久。

　　以S先生的住宅为例，改造是从设立"正在准备高中入学考试的姐姐和还在读小学的小学生妹妹姐妹三人的房间"这个目的出发的。

　　住宅处于65 m²的公寓中，想要三人各有独立的房间确实没有那么多余裕，所以就要设立一个三人共用的房间，然后在必要的时候使用定做的家具来分隔开各自的活动空间。两张高层床构成卧室空间，另一边则是三人并排学习的地方。一张高层床下部是装有轮子的单人床，另一

70

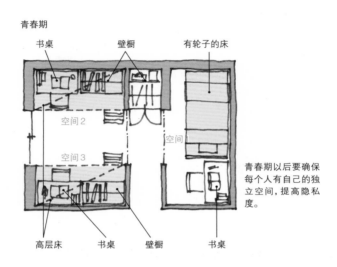

青春期

书桌 壁橱 有轮子的床

空间2

空间1

空间3

青春期以后要确保每个人有自己的独立空间,提高隐私度。

高层床 书桌 壁橱 书桌

张下面则是两个装有轮子的壁橱。

学习用的桌子和床下的壁橱分别移动一个,就可以在原本学习用的角落构成一套壁橱和床,从而变成简易的三个个人空间。

改造好5年之后,双胞胎的二女儿和小女儿正处于准备大学入学考试的年龄,房间也和当初设想的一样分成了三人独立的空间。而且将来有谁独立出去之后,房间也不需要大幅度改造就可以更改一下布局继续使用更宽广的空间。

改造之后住宅是要继续居住下去的。预先考虑到5年、10年之后的变化,去想出能应对变化的平面布局方案是非常重要的一点。

打造美观而且实用的和室的方法

　　最近把和室改成西式房间的改造增多了起来，榻榻米房间数量大减。坐在地上不符合现代人生活方式的想法，以及打扫和清理都比较麻烦这些原因，让人不断远离了用榻榻米的空间。我个人觉得有一个和室还是不错的。蔺草的香味和随意躺在榻榻米上的感觉都十分舒适，令人难以忘怀。

　　不经意间翻翻杂志看到的和室样例，基本上都是不放家具的漂亮的房间照片。一直以来以不放置家具并且可以有多种用途的空间的和室的用法，估计是源于"和室=空白"这种根深蒂固的印象吧。然而事实上在较小的住宅里，基本没有余裕留给一个什么都不放的房间。现在设计和室也需要将其营造成一个实用的空间。

　　新造建筑和旧居改造中，都可以在起居室的一角设立一个略高于地面的和室。通常手法下，和室的地下都会作为收纳空间活用起来，但是在S先生的住宅里做了个相反的设计。

将和室一边做成矮桌可以提升舒适度

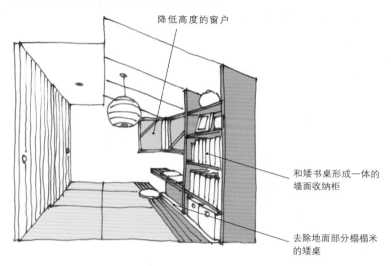

降低高度的窗户

和矮书桌形成一体的
墙面收纳柜

去除地面部分榻榻米
的矮桌

　　S先生有个念高中的儿子，现在很少见地觉得自己的房间还是要和室更好。即便这样，直接在和室里放置一个学习用的书桌也很不搭配。在和室里不降低一下重心的东西就会显得整个空间平衡感比较差。所以这里就在一整面墙上定做了一个桌板，然后把榻榻米地面去除一点，形成一个矮桌形式的书桌。通过这种方法，就可以得到一个既可以悠闲地待在榻榻米上（美观感）又可以和椅子一样舒适地坐（实用性）的两全的空间方案。

　　房间只有9 m^{2}左右，不放床，2.25 m^{2}用于被褥和正装的叠放，剩下6.75 m^{2}空间则作为就寝以及学习的场所。而把被褥收起来就可以有效使用整片空间了。

　　将来儿子独立之后，这里也可以作为书房和客厅来活用。像这样把榻榻米房间作为多用途的宝贵空间来使用，在改造时采用的话绝对是很有效果的。

展示和储藏——可以放 1 000 本书的书架

S女士的丈夫有收集杂志创刊号的爱好。从数十年前开始收集的杂志而今已经超过千册。有很多他自己发掘出来的好东西，比如封面印有当时还是现役运动员的棒球手长岛茂雄的照片，以及令人怀念的少年杂志等珍贵杂志，然而它们却只是被一直封存在纸板箱里。并且S先生还有剪报的爱好，但是在改造前的时候大量剪报堆在狭小的空间里，已经无时不在压迫着S先生的卧室了。

在对S宅的改造中，专门定做了一个能摆放这些杂志和剪报的书架。根据量和大小把书架分为三块区域，下方设置抽屉放置归档后的剪报，中间竖着放置杂志，上方则是放置还没有剪的报纸的壁橱。

特别是关于杂志收纳这一部分，既然是好不容易得到的贵重的藏品，就在一部分橱柜上设置了移门，做成可以看到封面的展示柜。通过这种方法可以方便辨识每个橱柜里存放了什么杂志，同时视觉上也比较整齐，从而营造出功能性和设计性两全其美的收纳方案。

大容量且整洁的墙面收纳

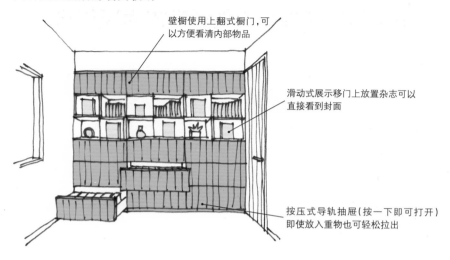

壁橱使用上翻式橱门,可以方便看清内部物品

滑动式展示移门上放置杂志可以直接看到封面

按压式导轨抽屉(按一下即可打开)即使放入重物也可轻松拉出

有品位的房主会很清楚如何营造"展示式收纳"空间,尚不习惯的人可能就会比较难以做到。但做成"储藏式收纳"又过于平庸。在思考收纳方案的时候,"怎样展示"也是一个重要的设计要素。在改造中如何展现居住者的个性是十分重要的。

在狭小的住宅里也要保证玄关无障碍化

在临近全面老龄化社会的现在，住宅无障碍化已经是住宅改造中最重要的课题之一了。其中不光有设置扶手的问题，对轮椅的适应化改造也是不可避免的。

比如在玄关处，对满足最低限度的功能来说，虽然只要有个人能进出换鞋的地方就行了，但是在老龄化来临时，轮椅是否容易通过、上下坡是否好走、在必要处是否有扶手等各种各样的无障碍化功能就很需要了。

一般木结构的住宅出入口和走廊宽度为75 cm左右，并不适合轮椅通过。轮椅有60~70 cm宽（也有更小的型号），在使用者行进途中手很容易碰到墙壁，并且轮椅前后有1~1.2 m长度，很难通过直角的地方。

要自己使用轮椅生活的话，移动墙面等根本性的改造就是很必要的了。对于较为宽阔的住宅来说，这样改变平面布局或者安装设备等都比较容易，但是对于狭小的住宅里狭窄的玄关来说就需要下一些功夫了。

在狭小的地方也可以让轮椅轻松通过的玄关

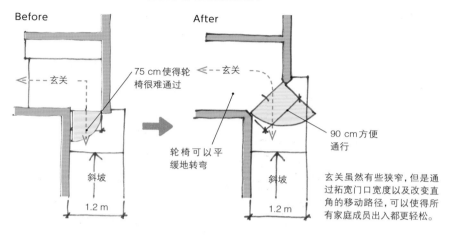

Before

After

玄关

75 cm使得轮椅很难通过

玄关

轮椅可以平缓地转弯

90 cm方便通行

斜坡

斜坡

1.2 m

1.2 m

玄关虽然有些狭窄，但是通过拓宽门口宽度以及改变直角的移动路径，可以使得所有家庭成员出入都更轻松。

　　使用轮椅生活的K先生虽然平日里需要人看护，但是基本上自己也可以站得起来，改造的时候就下功夫制作了一个用以更换室内室外轮椅的空间。

　　为了能消除玄关前原有的大落差，把玄关本身建筑面积拆去了约90 cm，并铺设了轮椅可以直接进入玄关的斜坡。

　　接下来是玄关门，按原本直角方案设计则内部尺寸只有75 cm。反之，平行放置房门则轮椅无法转向。这里就把墙面按照45°设计，在对角处安装上房门，确保了门口部分宽度有90 cm。斜向处理使得轮椅转向也更容易，出入都非常方便。

　　并且在原本放置全家鞋子的玄关收纳处还增设了轮椅和电动轮椅电池充电器的放置场所等，进行了各种各样的加工。

　　玄关房门口要尽可能保证足够的宽度。玄关门有90 cm虽然就足够了，但是换鞋的地方最好要保证能有两个人大约1.2 m的宽度。以后再

根据放入物品的调整来提升功能

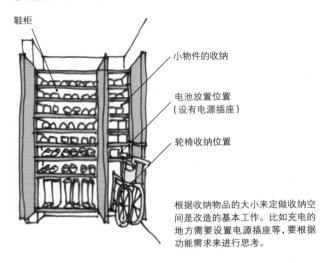

鞋柜

小物件的收纳

电池放置位置
（设有电源插座）

轮椅收纳位置

根据收纳物品的大小来定做收纳空间是改造的基本工作。比如充电的地方需要设置电源插座等，要根据功能需求来进行思考。

设置轮椅用的斜坡时，有这点宽度也不会造成麻烦了。

K 先生的住宅虽然主要针对轮椅做了功能性改造，但同时也方便了家人以及高龄母亲的使用。

"无障碍化"不仅适用于需要看护的人，更应该方便所有人使用。我认为通过这样方式的设计，是可以实现住宅长久居住使用的。

【玄关、走廊、台阶】有效活用移动路径空间

利用立柱的厚度搭建书架兼扶手

走廊上的简易书架

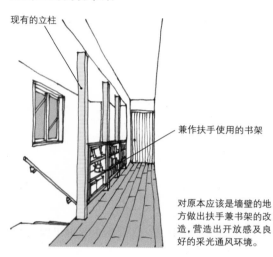

现有的立柱

兼作扶手使用的书架

对原本应该是墙壁的地方做出扶手兼书架的改造，营造出开放感及良好的采光通风环境。

传统构造方法的木结构住宅中，没有支撑的墙体中很多是中空的。外墙中有时候会使用到隔热材料，而隔墙中却意外得很少有用到的。因此，我经常提出有效利用这些墙体的方案。

在K先生住宅的2楼新设了一条走廊。通往台阶的走廊仅仅作为移动路径来使用未免有些可惜，就在通常会用墙壁填充的地方制作了可以兼作扶手使用的书架。在现有的立柱间搭建架板和亚克力背板，结构上非常简单。而亚克力板可以透过照明，上面可以放一些CD和书等，从而打造出一个功能出色的扶手来。

承重墙（支撑建筑的墙壁）以外的隔墙可以比较容易地利用其内部空间，用作壁龛和收纳空间等。何不对各种未利用的空间的活用方法做一番研究呢？

玄关处的一张多功能"扶手板凳"

　　我不仅在改造住宅的过程中，在设计新住宅的时候也会在玄关处安设扶手和座椅。很多人会有"以后需要了再装好了"的想法，但是后装上的特别是成品制品往往有种刻意设置的感觉，所以只要预算充足，就建议在一开始直接安装上。

　　我一直推荐一种装有扶手的"吊床风格"的座椅。用根据玄关整体方案和大小定制的三角形或者长方形的板材，加上从屋顶垂下的扶手相结合制成。扶手通常使用涂装过的螺纹钢材（设有突起的棒状钢材），不仅表面凹凸可以提供良好的持握感，而且设计上也更简洁美观，并且从外观来说也并不是刻意的扶手造型让我很中意。金属质感摸上去会有些冰冷算是一处瑕疵，在意的人也可以尝试换成木质扶手。

　　为了防止晃动，在扶手的上部安装了固定管。在上面挂上衣架就可以作为来宾悬挂外套的地方利用起来。

　　这个设计一眼看上去并不像是座椅，所以不作为座椅使用的时候也

在玄关处设置座椅非常方便易用

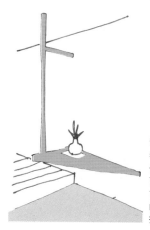

大衣悬挂处

座椅

饰以花瓶和小物件作为架子使用非常方便，而且可以作为玄关室内装潢的一部分来发挥作用。

即便家里没有老年人，有一个带扶手的座椅确实对于更衣换鞋来说都会更加方便。

可以装饰以小物件或者花草等，作为"吊床"来使用，房主自己也很喜欢这个方案。

　　可惜的是，这样预防性安装的装置是无法得到看护保险的赞助金的。按照现在的制度，如果不是实际上因为看护需要而设置的必要措施，那就无法得到相应的补助。医疗费也是同样道理，预防性的措施得不到积极的补助，社会承担的老龄化负担就会越发加重，这方面希望可以得到改善。

走廊只当作过道实在是浪费

在有限面积情况下做计划时，最重要的是移动路径的简洁化。移动路径就是人从一个地方走到另一个地方需要的空间。仅仅因为移动需要而消耗掉的面积往往就会造成浪费。

反过来说，如果仅仅将走廊空间当作过道来使用的话就是一种浪费。最近新造的建筑中有不少采用起居室、餐厅、厨房直接连接和室等空间连续化的设计，尽量减少走廊的方案在增多。在改造中也会将走廊更换为居住的房间，通过兼具其他功能来积极有效地利用起来。

以S先生的住宅为例，由于平面布局的变更使得厨房移动到其他地方，留下的空间就变更为走廊和收纳空间。对着走廊的地方安装上一整面的移门，将其改造成大容量的收纳空间。

很多人希望能有个"步入式衣橱"，然而步入式衣橱内部需要设有供人走动的通道。也就是说这部分空间就不能放东西，在有效使用面积

给通道空间再加上一个兼职功能

面向走廊的大型橱柜

走廊上的学习角

"过道＋收纳""过道＋学习"等，通过
增加用途使得走廊成为家庭的一个必
需空间。

上反而趋于劣势了。而面向着走廊设计的收纳空间在平时可以作为过
道使用,同时又可以作为橱柜来使用,可谓一石二鸟。

其他也有面向走廊设置洗漱台或者女用化妆台等,或者放一张桌子
给孩子学习用,也可以作为电脑使用场所来利用等各种创意。

对走廊的多功能化利用也可以成为一条拉近家庭成员的纽带,推荐
作为一种实用技术运用起来。

1楼采光不佳时可以换用透光的栅格地板

　　S宅的2楼作为家教用的教室使用。S先生家人和学生共用同一玄关和楼梯，因此毫无保障的家人隐私就成了一个问题。所以，在改造的时候就安装了一个直接连接到2楼的屋外楼梯以及阳台。

　　但是在2楼新设阳台会使得1楼的采光条件更加恶劣，甚至无法作为日常房间继续使用下去了。

　　而且S先生用于教室的房间朝向南面，一般沿着2楼南侧墙面搭建了阳台后，1楼的采光基本上就不能有所期望了。

　　因此在阳台底面和楼梯踏板上就安装上了透明的纤维强化塑料栅格板。栅格板是一种在大楼顶上的机械室等地面上常用的格子状的材料，可以透光透雨，这样就能在保证1楼采光和通风的条件下增设阳台和楼梯底面了。而且因为材料本身有一定的厚度能够遮挡视线，也能起到保护家人隐私的作用。

　　新造2楼阳台时就已经想好了1楼的采光多少会变差，但是透明栅

楼梯和阳台都能透光

踏板使用透明的纤维强化塑料
栅格板从而可以透光

"透光栅格地板"加上不使用
踢脚板的设计,使得1楼的通
风和采光得到更多保障。

格板意外得反光性不错,加上材料自身的光泽,使得1楼感觉上比原本更加明亮。现在作为家教教室和居住空间使用都很舒适。

　　像这样通过材料选择方法上的变化可以使得同一个方案下的住宅舒适度得到有效提升,可见新材料的尝试也是很重要的。

活用连接到庭院的"泥地走道"成为趣味空间

京都的排屋里经常可见的"泥地走道"是一种在门面大小有限的住宅中,连接外界和私人领地的重要空间装置。在玄关可以光着脚从这里走到用水设施和内庭里。

东京都内的T宅处于住宅密集地,也像京都那边那样被东西两边临接的建筑夹在中间。建筑南侧有一个狭窄的内庭,因此就设计了从玄关到内庭院的"泥地走道"这样一个采光通风良好的方案。

T先生对冲浪非常有兴趣,全家人也都喜欢大海。有着每周末都去海边玩乐的生活方式。T先生有很多冲浪板,但是在改造之前就全都堆在库房一角。

于是就在这个泥地走道里设置了一张网格墙,利用墙面可以挂上很多东西用以展示。网格墙的一些地方设有壁龛(凹陷)置物架,并且用照明打亮,这样就可以作为装饰架来使用了。

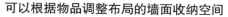

可以根据物品调整布局的墙面收纳空间

打开玄关的门后看到的是木纹质感的网格墙。活用屋顶高度放置好冲浪板后也丝毫不影响日常进出。深处连接着面向内庭的浴室，冲澡也十分便利。

看上去大而笨重的冲浪板，挂在墙面上后反而并不会占用太多的空间。这里可以用于装饰家人所喜爱的饰物。而且在这里以及内庭里做冲浪板的保养也很方便。

之前的内容里曾对过道的充分利用做过介绍，在狭窄的走道里也可以对墙面上部的空间灵活使用。长形的泥地以及走廊等过道往往容易变得单调无趣，将其活用改成收纳或者展示用的空间可以很好地丰富家庭感性的一面。

用阳台连接主屋和副屋形成牢靠的结构

　　有40年建筑年龄的K宅本身是一个商场建筑,通往2楼必须要走室外的楼梯。下雨天在住宅里上下楼时不得不撑着伞,两代6口人生活非常不方便,但是却不得不忍耐下去。并且住宅抗震性能差,漏雨和建筑本身老化造成了结构上的安全隐患。

　　建筑形状是木结构建筑中常见的较大的1楼部分和较小的2楼部分。从外观来看别有风味并且能给人安稳的美感,但是结构上却并不是这样。从主屋往外建造出来的1楼部分被称为"副屋",这种建造方式往往主屋和副屋的梁并不连接在一起。因此,在地震来临时,主屋和副屋会分别摇晃,非常不利于抗震。

　　因此,在改造的时候就把副屋的梁连接到主屋2楼地面,改成一整体的结构。通过对2楼地面部分的增强,使得副屋远端的"承重墙"(支撑建筑防止地震时建筑倒塌的墙面)能有效发挥作用,从而提升建筑整体的抗震性能。

副屋上部可以作为生活空间活用起来

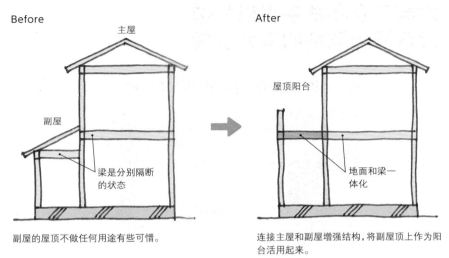

Before

主屋

副屋

梁是分别隔断的状态

副屋的屋顶不做任何用途有些可惜。

After

屋顶阳台

地面和梁一体化

连接主屋和副屋增强结构，将副屋顶上作为阳台活用起来。

　　并且增强工序中产生的副屋的平顶上再施以防水措施，使其可以作为屋顶阳台来使用。建筑占地面积并没有增加，但是却拓展了2楼的生活空间。

　　以往的木结构住宅中像这样没有有效利用屋外空间的情况并不少见，不妨尝试着将其搭建成一个兼具抗震增强功能的阳台，作为能有效使用的空间（家务空间）或者屋外露台积极活用起来。

木制平台和扶手用以打造
假日酒店风格的屋外空间

使用木质材料来营造假日酒店风格的空间

使用木质材料打造的平台和扶手使得本身无机材质的空间
也能成为自然温婉的场所。平台和室内地板使用相同的张
贴方式。

　　M宅处于一个东侧可以清楚眺望到街景的公寓中。但是东侧却分
成了一个个小房间,难得视野良好的地方却完全没有利用起来。阳台也
是普通的水泥地面,完全没有氛围。

　　于是,我就把东侧两个房间的墙打穿,改造成开放式起居室、餐厅、厨
房的同时,也将阳台置换一新。在阳台上铺上木制平台,高度处理到和室
内地面一样。通过这种方法让室内外产生连续性,使之感觉更宽敞。

　　在铺设阳台平台材料的时候需要注意一下扶手的高度。实际上法律
有规定阳台的扶手要高于地面1.1 m以上,M宅的扶手高度就恰好是1.1 m。
这样继续保持原来高度的话,铺设的平台材料就比原地面要高出一些,造
成扶手高度的不足。因此就在原本不锈钢的扶手内测再加装了木质的扶
手。木制扶手有其温润感,让屋外空间满溢这假日酒店般的感觉。

木制平台高处的部分需要在扶手上补足

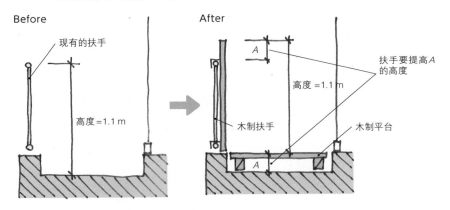

放置木制平台后只需要在现有的扶手上增
加木格即可,自己手工制作也不难。

　　由于公寓阳台是公用的部分,因此不能进行随意加工。这里使用的平台材料、扶手都可以拆卸,因此不存在问题,但是有些公寓根据管理规定可能不会允许这样的工序,因此最好在事前进行一下确认。并且有避难舱口的情况下,要注意一定不能堵塞舱口。

　　平台材料可以在网上下单定制,也可以自己动手制造。木制平台常用的树种有铁树、巴杜柳桉等硬木和红杉木等。硬木耐久性高的反面因为硬度太高,加工也会比较困难,因此,不适合自己动手制造时使用。红杉木则是一种在成本和易加工性上取得平衡的材料,但是每隔3~5年就需要重新涂刷一次。

　　平台的粘贴方式有成一个方向的"成片粘贴"和"方格形粘贴"两种方式。为了和室内形成视觉上的统一感,推荐和室内地板采用一样的粘贴方式。

提升生活质量的小庭院的建造方法

　　根据建筑占地形状来看，建筑物之间有时会有一些狭小的"间隙"存在。这样一个尴尬的地方弃之不用的案例非常多，虽然狭窄但好歹也是一个开放空间，因此，我经常提出对其加以利用，构造一个能丰富生活的小庭院的方案。

　　以N先生的住宅为例，浴室等用水设施所在的场所改成了高龄的父亲的卧室。临接的空地原本是作为外部楼梯和仓库等实用的空间使用的，现在为了喜欢盆栽的父亲改造成了在卧室就能观赏到的小庭院。原本在深处的仓库稍微移动一下，里面放着庭院里使用的工具，庭院中央放有石板方便走动，周围则铺以沙石。

　　小小的庭院想要活用起来的话有几个要点。首先是分区明确，也就是设计人的移动路径。不管多漂亮的庭院，如果人不进去的话，庭院就不再存在了。重要的是"使用"的部分和"观赏"的部分要在空间上

小庭院也可以在良好的布置下熠熠生辉

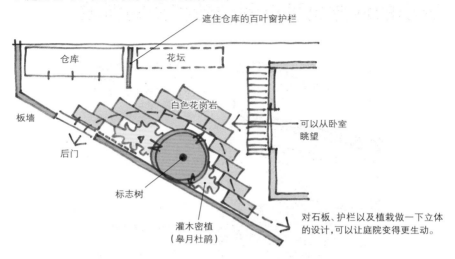

分开。以N宅为例，石板和仓库的区域是"使用"部分，而植栽区域则是"观赏"的部分。

　　下一个要点是要种植标志性的树。以其为中心再布置上其他次要的树和灌木丛来营造植栽的感觉。狭小的庭院可以设置一处主要植栽和两处次要植栽。第三点就是要营造植栽的背景。相比毫无氛围的砖墙，不如使用简单的木格子等来得令人印象深刻。想要节省成本时也可以从购物中心直接购买现成的栅格栏。小庭院也适合自己动手搭建，推荐一试。

　　想要有效利用庭院，窗户的位置和大小也很重要。比如面向浴室的庭院可以用稍高的砖墙直接围起来，开着窗户也可以放心入浴；又比如邻居可以从高处看到的地方就开设地面气窗（靠近地面的窗）控制视线到刚好能看到庭院，有多种设置窗户的可能。

　　和道路以及邻近建筑间狭小的地方也可以通过一些功夫使其发散出魅力，提升生活的质量。

狭小的地方也可以制作轮椅用的斜坡

入口处顶着建筑用地限制尽量做得更宽阔一些，并通过拆除部分建筑的方法来活用这部分狭小空间。

设置扶手

以前立柱的位置

使用和隔壁建筑之间的空地来尽量确保斜坡宽度

拆除了约 90 cm

在 K 宅中为了坐轮椅的兄长生活方便进行了无障碍化改造。改造时不仅考虑了兄长使用方便，同时也为了看护他的家人使用方便对室内进行了改造，在玄关外的接口处也下了一点小功夫。

建筑物是处于住宅密集地的狭小住宅，玄关和邻居间只有 80 cm 的细窄路面通向深处。并且路面有一半是邻居的所有地，铺设的沙粒凹凸不平，从物理上来说也不适合轮椅通行。而面向道路的 1 楼部分是亲属经营的店铺，设置方便轮椅进玄关用的通道会使得店门狭窄造成不便，这点让人非常头疼。

这时我就对现有建筑 1 楼门口的部分做了 90 cm 的拆除，在建筑外侧再增设入口连接处。并且建筑物横向位置包括路面的空间也修整了一番，确保入口宽度有 1.2 m 能够通过轮椅。

K 宅的案例中，2 楼的部分未做改动，虽然 1 楼的立柱拆除后墙面也做了移动，但同时对 2 楼的地梁强度做了检测，然后对 1 楼墙面和地基做

有效活用每一处建筑用地

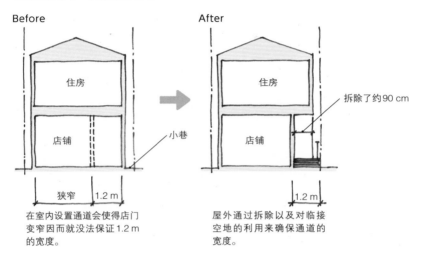

Before

After

住房

住房

拆除了约90 cm

店铺

小巷

店铺

狭窄　1.2 m

1.2 m

在室内设置通道会使得店门
变窄因而就没法保证1.2 m
的宽度。

屋外通过拆除以及对临接
空地的利用来确保通道的
宽度。

了增强,从而让这种大胆的改造成为可能。通过部分拆除使得2楼部分
屋顶也改成了门廊屋顶,可谓一举两得的创意。

　　并且玄关入口处为了能够方便轮椅通过而做成了斜坡。斜坡的坡
度按照轮椅使用的观点来看推荐使用20 ：1以下的角度,这里因为建
筑占地的关系,最大程度也只能确保做成8 ：1的陡坡。使用轮椅的人
虽然自己上下坡会比较困难,但是有看护者陪伴的话,这个坡度就没什
么问题了。在右手位置还设有扶手,使得斜坡也能方便高龄的房主母亲
来使用。

　　在狭小的住宅改造中,人们会倾向于不减少建筑的使用面积,但
是相反地,有时候采用减少建筑面积的方法反而可能提升便利性和舒
适性。在做计划时不要拘泥于实际占地面积,考虑周边环境也是很重
要的。

第三章

构造不易散乱的住宅——收纳空间和定制家具

让收纳空间容量倍增的诀窍

活用壁橱进深的三种收纳方案

壁橱深处不加以使用

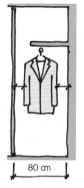

80 cm

壁橱保持原样作为衣柜使用,会
有20 cm左右进深多余出来。

方案①在橱柜深处设置收纳架

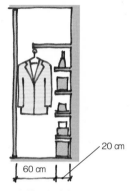

20 cm

60 cm

适合放置包或者小物件,但是因为
处于深处所以放入取出不太方便。

　　在改造中客户提出最多的要求就是"让收纳空间更充实"了。为了能了解情况去想怎么做改造,结果看下来基本上各个房间原本都有壁橱,却并没有充分利用。一般来说,木结构的住宅用约90 cm模具来建造壁橱的话,其深度就应该有80 cm左右。这个尺寸除了被褥可以正好放进去以外,存放其他东西就比较恼人了。挂正装的话有60 cm的深度就足够了,睡在床上不需要放被褥的住宅中,壁橱的深度基本上就是多余的。

　　改造中通常会采用在挂正装的部分深处另设20 cm进深的收纳架的方法。活用多余出来的空间,是用来放置散乱的包和小物件的好地方。但是当正装挂满之后里面的东西就会很难取出。要点就是正装不要挂太满,要给内部收纳留有余裕。

　　其他也有诸如将正装用前后两根衣架杆分开挂,或者改变进深高度等改造方法。错开肩膀位置悬挂正装也可以增加可收纳的容量,推荐衣

方案②增加衣架杆

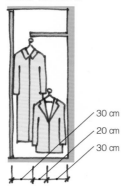

30 cm
20 cm
30 cm

悬挂较短的正装用的衣架杆放在下方位置，用以增加可悬挂衣物的数量。

方案③背面部分也利用起来

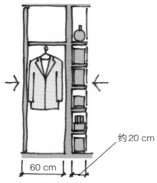

约20 cm

60 cm

将深处的隔墙向前移动一些距离，在背面房间利用浅进深定做一个墙面的收纳柜。

物比较多的人采用这种方式。

　　壁橱的背面是走廊或者房间时，也可以将其改造成两边都可以使用的较浅的储物柜，放一些书和小物件等有效利用起来。不过要注意木结构的住宅中，有些壁橱的深处是承重墙（结构上必要的墙壁），这种情况下对墙面进行移动后要对结构重新做出检查。

　　收纳方案中重要的是要根据内容物来决定进深。进深多余出来会造成深处物品堆积而平时只使用前部空间。并且在有限的空间里要保证足够的容量的话，需要活用现有的高度。使用上至屋顶的悬挂门可以使内部一目了然。地面没有高度差，东西放进取出都很顺畅。门也可以采用双门或者折叠门的形式，在狭小的室内使用移门可以节省空间。

　　通过下功夫可以在同样一个空间里继续增加收纳的容量，首先从自己手头的物品开始重新审视一下吧。

"大容量的收纳空间更方便"并不见得正确

　　收纳有着多种多样的方式。改造的时候常会听到"想要新设一处步入式衣柜和库房"这样的要求，空间越大就可以收纳越多东西，因此更方便这个说法其实并不见得正确，要根据收纳的物品、住宅规模以及平面布局来综合考虑。

　　步入式衣柜在收纳空间以外还需要存取物品必需的活动空间。因此实际可用收纳面积并不如想象中那样多。并且往往一有空间就会堆满物品，导致活动空间被阻塞没法存取物品，反而引起麻烦。面积上有富裕的话那还尚可，而在有限空间里为了能确保足够的收纳空间，反而使得房间变得狭窄起来就是本末倒置了。

　　而库房也是同样的道理，堆积过多后满是多少年都不会用到的无用储藏物。需要放置季节用品之类平时不使用的物品以及家庭共用的物品等的收纳场所时，相比库房不如在面向着走廊这边的门口设置一个较大的收纳空间会更好。

　　并且像起居室、走廊以及卧室等地方设置较浅的墙面收纳空间也可

同样的面积易用度却不同 "墙面衣柜"

步入式衣柜

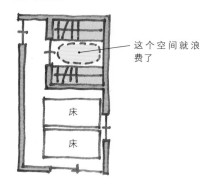

这个空间就浪费了

墙面衣柜

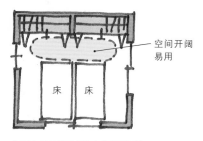

空间开阔易用

衣柜内部面积以及衣架杆长度相同的条件下，墙面衣柜的有效使用面积更大，存放衣服也更方便。

以有效得到利用。用来放小开本书籍以及 DVD 等则有 15 cm 进深就足够了，在宽度 90 cm 的走廊里也可以保证有这样的空间余裕。总之，要点是要根据需要收纳的物品来做出墙面利用的方案。

收纳架可以委托改加工业者来施工，也可以购买市售的半成品家具。将常用物品放在水平视线位置的收纳架上，而不常用的物品可以放到收纳架靠近屋顶的高处位置。书籍和文书资料等放到书架上，细小杂物则放入抽屉，在收纳方式上也要稍微下点功夫。

十全十美的"走廊收纳"

正如前面所说，较大的收纳空间实际上未必有那么大的可用空间。存取物品必须要有人能够活动的空间，因此，收纳量的多少也相应需要一定的过道空间。在这个意义上，在过道两边而不是一边，呈放射状而非直线方式的收纳空间效率会更好，但是住宅能够满足这样条件的其实不多。

在改造计划中，要尽可能减少走廊的设置。通过减少移动专用的空间，可以增大作为房间使用的空间。尽管如此有时候不得不需要走廊的时候，不妨尝试一下活用通道来设置一个"通过式衣柜"如何？

通过式衣柜是指面向走廊等移动空间设置的墙面收纳空间。这样虽然会使得邻接的房间面积减少，但因为不需要专用的通道，相比同样收纳量的库房来说反而更省空间。

这个地方用于家庭共用物品以及季节性的物品摆放等多功能收纳场所即可。而最近关于"在洗漱间里设置一个沐浴后更衣的场所"以及"把家庭成员用的衣柜摆放到家务房里，好让孩子来学习衣物的管理"

走廊收纳不会存在死角

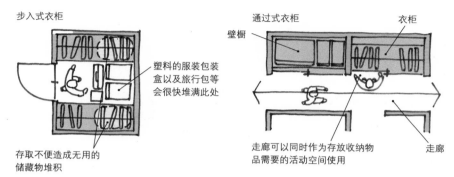

步入式衣柜

塑料的服装包装盒以及旅行包等会很快堆满此处

存取不便造成无用的储藏物堆积

通过式衣柜　　壁橱　　衣柜

走廊

走廊可以同时作为存放收纳物品需要的活动空间使用

需要新设立收纳空间时，使用面向走廊的衣橱和收纳库不会产生死角。

等要求增多了起来。也有人在洗漱间附近的走廊里设置一处衣柜。家人的内衣和其他衣物放到一个地方可以方便整理，减轻家务负担。

另外，通过式衣柜相比较封闭的库房来说不容易积聚湿气。而且收纳物品一目了然，不容易产生无用的储藏物也是一个优点。在改造过程中请务必考虑一下。

功能完善的步入式衣柜是这样构造的

步入式衣柜的三个方案模型

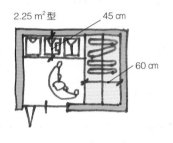

2.25 m² 型　　45 cm

60 cm

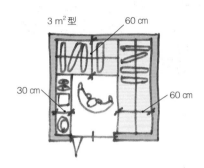

3 m² 型　　60 cm

30 cm　　60 cm

衣架杆和上面的架板（高2 m）为固定式，其他储物架使用可动式则很方便使用。衣架和可动式储物架的下部摆放有市售的抽屉式收纳盒。

　　需要构造步入式衣柜时，最少也要有约2.25 m²的空间。比之更小的空间里，必要的活动空间会比实际收纳空间更大。

　　在步入式衣柜内短边侧的墙面上安装衣架杆，长边侧设置进深45 cm左右的可动式储物架就可以构造出一个功能完善的收纳空间了。

　　需要更高的收纳能力时，就要保证有约3 m²的空间，L字形安装衣架杆，并设置放置小物件的收纳架来活用整块墙面。需要在衣柜中更衣时，通道若没有90 cm就会显得拘束，就需要有4.5~6 m²以上的空间了。在衣柜的门上张贴镜面后也可以作为更衣室使用，非常方便。

　　步入式衣柜最重要的是确保足够的活动空间供存取衣物用。这个空间如果被收纳盒或旅行包等塞住的话，里面的服装和物品就会很难存取，这也是造成多年不用的无用储藏品堆积的原因。

　　为了发挥实际收纳空间的作用，有效利用其高度也是很重要的。S宅中设有一处约4.5 m²大小的步入式衣柜，正面是用来挂连衣裙的衣架

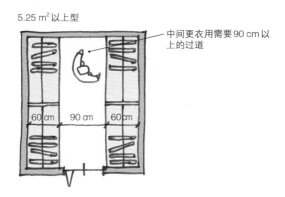

5.25 m² 以上型

中间更衣用需要90 cm以上的过道

60 cm　90 cm　60 cm

杆,两侧下部是悬挂外套和裙子的衣架杆,上部则是配有升降杆的另一处衣架。通过这样的方式,身材娇小的S太太也可以轻松取到高处的服饰,并且衣柜的收纳量也很有保证。

步入式衣柜需要注意的是湿气问题。用墙围起来的衣柜里空气滞留不通畅,和房间的温差容易导致结露现象产生。然而开窗的话,遇上梅雨季节又反而会渗入湿气。作为对策,可以在室内一侧的门上设置百叶窗来增加通风量,内部则需要使用石灰粉刷以及实木等能调整湿度的素材,或者设置除湿器等。

无论如何,基本要求是不能完全封死。在确定位置前预先留有余裕,并且要注意控制好物品的数量不要太多。

通过屋顶内侧和地板下的
收纳空间可以使生活更舒适吗

　　收纳空间越多越让人安心,然而住宅的面积当然也是有限的,在没法保证足够的室内收纳空间时,可以放眼于屋顶内侧和地板下面等死角的地方。

　　屋顶内侧的收纳空间分为利用屋顶下的角落的收纳和利用屋顶高度构造的阁楼收纳两种。无论哪一种都需要"屋顶高1.4 m以下,面积要有正下方地面面积1/2以下",所以根据建筑面积和屋顶形状,有时候也有没法按预想中构造屋顶收纳的时候。

　　上下存取东西使用梯子的话一方面放置梯子比较麻烦,另一方面搬运物品时倾斜度太大十分危险。通向阁楼的梯子一般都是可动式,根据地区要求不同有些地方也可以使用固定的楼梯。需要设置楼梯就需要保证有足够的空间,因此在这之前需要做好足够的计划研究。

　　不能确保足够的面积用以搭设楼梯时,宁可不使用屋顶内侧的收纳方案,而是利用斜面提升屋顶高度改成楼梯间。屋顶高一点、空间开放一点,也许更能让平日生活感到舒适。作为一种替换方案,也可以稍微抬高一下地板高度,利用下面设为地板下收纳空间。

稍微抬高屋顶高度,将地面下作为收纳空间使用

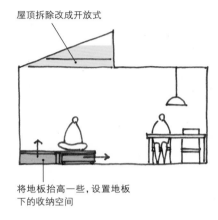

屋顶拆除改成开放式

将地板抬高一些,设置地板
下的收纳空间

不使用屋顶内侧的收纳空
间,另设一处略高于地面的
可以坐的地方,其下的空间
就可以作为收纳空间活用起
来。使用带轮子的抽屉则更
好用。

另一方面,地板下的收纳库通常会使用60 cm见方的有盖收纳盒,但是弯腰使用很麻烦,从功能上来说并不出色。和室下面也常被用于收纳空间,然而湿气积聚又往往令人在意。

如果庭院里还有余裕的话,考虑一下在庭院里设置一处库房倒也是一种方法。不是防火区域或者准防火区域的地方,增设 10 m² 以下的建筑面积、仓库等不需要进行建筑许可的申请(在日本的情况下,具体请参照相关法律法规)。设置在易于使用的位置可以方便物品的存取,而且比屋顶内侧等地方的收纳空间造价也能便宜很多。

"难以使用和存取困难"的收纳场所,使用起来也是一大麻烦。相比较于特意花钱反而造成无用储藏品的数量来说,还不如对物品的取舍做出选择尽量减少到生活需要的量来得更必要。以整洁的生活为目标,以改造为契机,对现有的物品进行一番整理吧。

收纳空间和家具一体化来节省空间

改造中可以扩充收纳的空间，但是想让房间空间也变大的话就只能扩建了。然而在都市圈内建筑占地本身就很狭窄，很多住宅根本没有扩建的条件。

受到法律和经济条件上的制约而无法扩建时，作为一种尽可能确保收纳空间的方法，"收纳空间和家具一体化"就十分有效。在床下或者椅子下面等未利用起来的空间也尚有很多。

改造计划进行到很成熟的后期阶段时，会出现诸如"椅子能放的地方只有这里"这样的空间。椅子移动到其他地方的可能性很少的时候，不妨将其固定，座椅下面就可以作为收纳空间活用。存取可以用打开座椅的方法，或者从侧面拉出的开放式收纳方法。

以S宅为例，由于平面布局上的限制，餐桌的位置基本上是固定的，所以就沿着墙面定做了长椅，下面就作为收纳空间活用起来。

通过这样的定做方式可以充分利用空间，相比再放置同样功能的家具也更简洁。

不移动的家具作为收纳空间活用起来

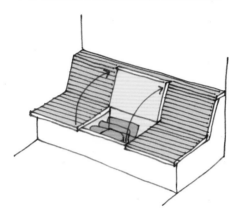

定做的三人长椅座位下面作为收纳空间使用。收纳能力相当不错,打开座椅就可以存取,使用也方便。在餐厅和起居室各定做一套用以作为家庭共用物品的收纳场所。

　　一般来说,定做家具会比市售的家具要来的成本更高一些,但是结构相对简单时反而可能更便宜一些。既然是必要的家具,何不考虑一下一举两得的定做家具来省下一些空间呢?

用家具来有效隔开房间的空间

　　隔开房间空间就需要墙面。通常所用的隔墙通过在木材或者较轻的钢筋材料栅格上贴上石膏板或者胶合板制成。从切面来看，栅格中间是中空的，对于狭小的住宅来说，室内有这样的空洞存在十分浪费。

　　从方法来说，虽然也可以利用这些空洞设置壁龛（凹陷）或者作为填充式收纳使用，与其这样不如不使用隔墙，而用家具来隔开房间，这样浪费更少。

　　当然不是说在隔墙前面放置家具，而是在改造的时候就设置好上至屋顶的收纳家具兼作墙体使用，这样也不浪费一点点空间，收纳家具的背板也只有 3 cm 左右的厚度，相比隔墙能节省近 10 cm 的空间出来。10 cm 看上去微不足道，但是房间能宽敞 10 cm 也会有余裕得多。

　　以 S 宅为例，将餐具柜活用作厨房和三个孩子的学习用房间的隔墙，并在中间开窗。想法源自于 S 太太"让厨房通风良好，并且可以一边下厨一边看到女儿们的情况"的愿望。通过将隔墙和家具一体化，不仅省

减少墙面厚度,拓宽房屋面积

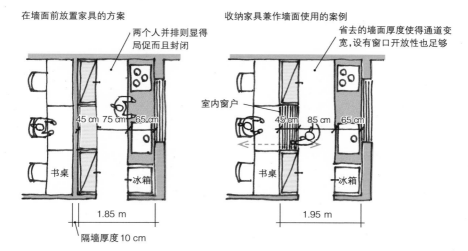

在墙面前放置家具的方案

两个人并排则显得局促而且封闭

45 cm 75 cm 65 cm

书桌

冰箱

1.85 m

隔墙厚度10 cm

收纳家具兼作墙面使用的案例

省去的墙面厚度使得通道变宽,设有窗口开放性也足够

室内窗户

45 cm 85 cm 65 cm

书桌

冰箱

1.95 m

下了空间,还省下了预算和改造的人手。

　　这个案例中,餐具柜是委托家具厂家定制的,自然也需要相应的花费,但是简单的置物架也可以让工匠现场制作,这样就可以控制预算了。虽然最近因为工期缩短的原因,具体业务分散化导致现场制作家具的情况变少了,但是想要活用有限空间,我觉得还是需要有这样技能的工匠。

"地板下收纳空间"在公寓住宅里也可以实现

谁都有过"死角太多想要当作收纳空间活用"的想法吧。

在木结构的住宅里说到死角，第一提到的往往就是地板下的空间。建筑基准法规定了1楼的地面高度要在45 cm以上，一般的构造方法只是抬高了建筑基底的高度，地板下面却是空的。为了活用这些空间，常常就会在厨房和洗漱间等设立地板下的收纳库。但是这些地方因为湿度高、开闭麻烦等原因，往往仅作为腌制品和酒的保管处来利用。

另一方面，在构造方法不一样的公寓住宅中，基本上就没有地板下的空间可以使用。想要活用死角来设置收纳空间的话基本上就是想要有效利用屋顶高度了，但是事实上高处的收纳空间不仅危险，易用性也很差。

这时候我就想到可以将通常的地面抬高30 cm，以设置一个地面下的收纳空间。在易于使用的地方没有死角可以利用时，不妨就自己搭建一个出来。榻榻米空间的生活基本都坐在地面上，屋顶低下30 cm也基本不会有压迫感。而且和地板房间坐在椅子上的视线高度平行，反而有

抬高的地面下方全都用于收纳

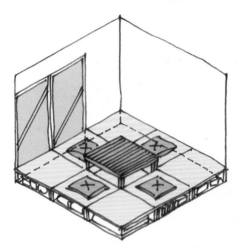

通过箱子组合来确保足够的地面下方收纳容量。推荐在使用被褥就寝的卧室以及较为宽广的起居室一角等处设置。

增加空间整体感的效果。

　　S宅的案例中，用9个约80 cm见方的箱子并排并在上方，铺设榻榻米来建成一间和室。其中一个箱子是被炉桌，组装起来就可以当作矮桌来使用。无论怎么组合箱子布局都能够取出被炉桌，所以，我称其为"任意被炉"。

　　榻榻米下面的收纳面积保证了足够的容量。即便如此，榻榻米也不是能频繁揭开的材料，推荐仅将其用于存放平时不使用的季节性家庭用品，以及不使用但不能扔掉的物品等。

楼梯下方的死角也充分利用起来

楼梯下面的空间的活用方法

第五级及以上的空间可以作为卫生间或者收纳空间等使用

踢脚板

踏脚板

去除踏脚板安设抽屉

从下侧很难利用上的第一级到第四级台阶可以作为抽屉收纳空间活用起来。用来放置客人用的拖鞋以及细小物品的收纳场所也很方便。

楼梯下方因为没有足够的高度，所以是一处用途有限的空间。一般来说，会作为卫生间以及收纳空间使用，但是第四级台阶以下较低部分往往就成为死角了。

但是下方无法使用的时候可以从上方利用起来。一般来说楼梯踏板会有30~36 mm的厚度，去除踢脚板后就可以当作简单的分段式开放置物架来使用。必要时也可以设以抽屉，构成整洁美观的楼梯收纳空间。

第五级台阶以上较高位置的空间可以作为卫生间和收纳利用起来，因而基本上不会有死角。进深太深不易使用的时候，不妨使用带轮子的大型收纳盒。

像这样在使用方法上下点功夫后，就可以对空间充分利用起来。在你的住宅里，也许也有一些台阶下的死角这样没有利用起来的空间哟。

第四章

能使生活更丰富的
平面布局和空间构造方法

整理生活移动路径以提高效率

　　住宅改造中,充分考虑生活移动路径的方案非常重要。根据移动路径来改善平面布局可以提高家务活的效率,将住宅改造得更舒适。其中也包括尽量使"为人的移动所设的空间=走廊简洁化"来提升生活舒适度。

　　家庭成员少的住宅中采用没有走廊的单间住宅方案也不错。在必要的地方用隔墙或者家具分隔开,可以营造出易于活动且感觉上宽敞的空间来。而另一方面,家庭成员比较多的住宅中,将全家人使用的房屋和走廊等设在住宅中央可以集中移动空间,不仅提升家务效率,空间也能得到有效利用。

　　5个人共同生活的S宅中,总建筑面积有65 m^2。房屋之间连接,移动时不得不在房间中间横向往来,放置家具和用以休闲的地方受到很大限制。特别是厨房,虽然有9 m^2左右的大小,但是同时兼作通往起居室和

无用的长移动路径会对生活造成不便

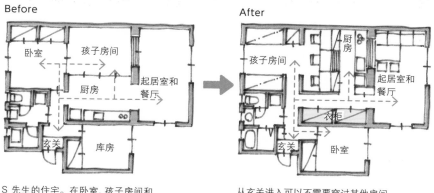

Before

After

S 先生的住宅。在卧室、孩子房间和起居室间出入时，必须要通过位于住宅中心的厨房，移动路径非常混乱。

从玄关进入可以不需要穿过其他房间就能进入各个房间。

餐厅的走廊使用，冰箱和餐具架只能放到远离水槽的位置，处于非常不便的状态。

在厨房那一节里也有提到过，过大或者过小的厨房使用起来都不方便。一个人下厨时，水槽和燃气灶、冰箱之类的家电以及餐具架等要设置在几步路的范围内。

因此，我马上就决定将厨房位置移到别处。改造采用了面向餐厅的对面式厨房以及所谓背面收纳架的 II 形方案。通道的宽度为 90 cm，新布局中水槽、燃气灶、冰箱、餐具柜等都在 1~2 步的移动范围内。

然后将以前厨房所在的位置改成上至屋顶的通过式衣柜并兼作走廊使用。这个空间可以作为移动和收纳两种角色来使用，因而对有限的面积也能做到有效的活用。

对现在的居住方式重新审视一番，通过对生活移动路径的简洁化，可以较大改善每天的生活。改造的时候请一定考虑一下。

通过洄游性的布局来营造家务轻松的生活

　　没有走道尽头存在的方案不仅在视觉上看上去更宽广，也能让家务变得更轻松。特别是家务活动中经常使用的厨房和洗漱间等设在走道尽头处会让做事效率下降。对于想要争分夺秒来有效使用家务时间的主妇来说，我觉得取消这样的布局可以让她们每天的生活都轻松很多。

　　一直以来的厨房通常都是独立型的，在丈夫也逐渐参加到料理等家务活中来的现在，很多人都希望能有一个开放式的厨房。与起居室和餐厅一起建成开放的对面型厨房一方面可以增加家人之间的对话机会，传菜也会变得更方便。若是可以环绕使用的岛型厨房能够让夫妇和孩子们一起享受料理的乐趣，而且易用性上也常得到肯定。

　　I先生的住宅为钢筋混凝土结构的低层公寓住宅，结构上使用墙壁而非立柱来撑起建筑。在住宅的中央有一道结构上不易毁坏的墙壁（承重墙）存在，使得平面布局改造不那么自由。

　　我就想到定做一个围绕着安装在这面承重墙上的餐桌和电视柜，

洄游性布局（可以环绕着行走，到哪里都容易）

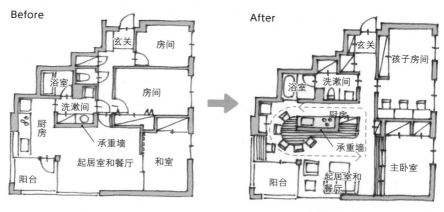

Before

After

在结构上不容易毁坏的承重墙上安装上厨房和桌板，形成一个具有洄游性的起居室、餐厅、厨房。

背面安装上整体厨房，形成"岛型墙面"而非岛型厨房的方案。到梁的高度为止的墙面涂装都替换掉，设计上看上去像是家具一样。通过这种方法，让人不会感觉到这是一面稳定结构用的墙。这样处理之后，一个以这面岛型墙面为中心的有洄游性的宽敞起居室、餐厅、厨房就得以实现了。

　　具有洄游性的方案看上去十全十美，但另一面来说，为了保证移动路径就要有足够的出入口和通道空间。根据平面布局情况不同，有时候也会牺牲掉一部分收纳空间，因此在定计划的时候要和收纳计划结合起来充分研究考虑。

让狭小的住宅变得舒适的两个要点

在考虑狭小住宅中能让生活变得更方便的方案时，"移动路径要简化到什么程度"以及"单个空间多用途使用"是两个要点。

首先，简化移动路径指的是去除走廊，或者将其面积最小化。走廊减少的部分会增加在房间面积上，因此可以让空间变得比以往更有余裕。为了减少走廊，玄关和楼梯要设在住宅的中央部分，在其周围设置其他空间会较有效果。

N宅的总建筑面积约有89 m²，是个5人共同生活的狭小住宅，将门廊和楼梯改设到住宅中心，从而可以直接通到起居室、餐厅、厨房和各自的卧室。由于中心的门廊呈放射状直接连接到各个房间，走廊也就不复存在了。

这里为了家人各自的隐私，各自的房间是连接到门廊的，在重视家庭成员间交流的前提下，也可以以起居室、餐厅、厨房为中心连接到各个

从中央呈现放射状的移动路径使得空间使用效率良好

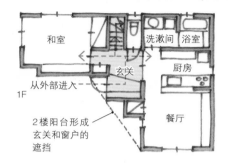

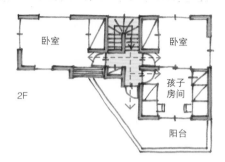

N 宅中，玄关和楼梯占据住宅中心部位，形成放射状的移动路径。通过简化移动空间，让空间余裕多了起来。

房间。

　　如果走廊没办法去除的话，也可以将走廊兼作其他功能使用。比如可以在走廊安设桌板当作书房或者做家务的地方活用起来，安设通过式衣柜之类的收纳空间也可以有效活用起来。通过这些方法就使得住宅中的浪费空间一扫而光了。

　　单个空间多用途使用的意思就比如在上述N宅中，不另设起居室，而是在餐厅中放松休息。相较于饭后移动到沙发上和家人一起休闲享受，直接在餐厅里团聚休憩的情况来得更多。将餐厅两用可以让使用空间更宽敞。

　　像这样通过移动路径的简化以及对空间的多用途使用，让狭小住宅内的具有开放感空间的生活变成了可能。

使空间感更宽敞的"视线的延伸"

　　想要让狭小的空间看上去更宽敞,构造"视线的延伸"是很重要的。封闭空间让人很容易产生空间大小的印象,而面积狭小就会产生压迫感。

　　这种情况下,通过庭院和阳台等连接到外部的"延伸"部分,可以在同样面积里产生更宽敞的空间感。因而将室内外的地面施以同样的加工方式使其产生连续感,以及地板和室外平台板材按同一个方向粘贴等能够消除内外中断就很必要了。

　　而且不仅是地面,墙面也可以产生"延伸"的效果。通过安装适合墙面大小的窗户,透过玻璃连接起内外的墙面,也可以让人产生空间延伸到外面的错觉。

　　同样的效果在室内也可以做到。不用房门隔开房间,而在角落部分设计开口,就可以营造出开阔的感觉来。地面墙面与邻接的房间连到一起营造出开放感,会让人感觉到墙的另一面还有空间存在。

入口处会让人产生里面房间格局的想象

深处还有空间的话就
会有宽敞感

房间入口处没有安装门

深处开放式的房间省去
了门。视线向空间相连
的左右方向延伸，有效
回避了狭小空间产生的
压迫感。

　　屋顶也一样，隔墙不顶到屋顶，稍微留有间隙可以使屋顶和另一边的空间连接在一起而让整个空间看上去更宽广。传统日本住宅中的气窗利用的就是这种效果，在保护隐私的同时采光和通风也良好，并且感觉上更宽敞，算是自古以来的一点智慧之处。

　　不安装门也能有这样的效果。在生活移动路径部分介绍过的S宅中，除了卫生间和浴室以外的房间都没有安装门。房间分得太细会有拘束感，而且开关门需要的空间也会浪费掉。为了能让没有门的房间具有一定的遮蔽性，在房间的布局上下了不少功夫。这样就使得住宅能有面积之上的宽敞感，并且生活移动路径也变得更平滑。

不是"越大越好",空间也要有抑扬顿挫

　　大家都会抱有"要比前一个住宅更有开放感"的期望吧。在有限的空间里要怎么营造开放感呢？在改造的过程中就可以看出设计能力的高低了。老旧住宅中往往房间过于细分,通过将起居室、餐厅和厨房一体化的措施,就能得到比改造前更宽敞的空间了。然而为了得到开放感,并不只是去掉墙改成一个"大块的空间"就可以的。

　　H宅的改造中,将起居室和餐厅的屋顶高度稍微提高到2.5 m,厨房的屋顶高度为稍低的2.2 m,形成30 cm的落差。通过屋顶的高低差凸显出起居室和餐厅的屋顶高度。

　　想要通过抬高屋顶获得开放感时,如果全部改成同一个高度则空间过于一致反而使开放感变得薄弱。空间要错落有致才能感觉上更开放。

　　同样地,在H宅中,将玄关和卧室的屋顶高度设为2.5 m,门廊、卫生间、洗漱间和卧室入口部分设为和厨房一样的2.2 m。像是走廊之

用屋顶的高低差营造视觉效果

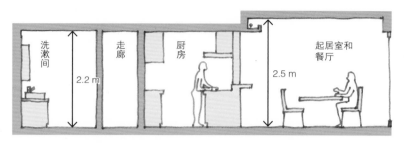

走廊和用水空间的屋顶高度设为2.2 m，
起居室则是2.5 m。通过30 cm的高度差
来营造出宽敞的视觉效果。

类狭窄的空间里，屋顶过高反而会使墙面产生压迫感，因而稍加控制会感觉更加平衡。平衡感和安全感是息息相关的，同时也会提升居住的舒适度。

另外，将H宅的用水设施部分屋顶高度设为2.2 m正好可以符合原有的窗框高度。高度一致使得看上去也更美观。

而且厨房在烹饪和整理时也需要足够的照明，屋顶太高则照明会不足。而压低屋顶高度可以使得照明效率也得到提升。在屋顶内侧也可以安设通风管道和空调等，将空间都活用起来不造成浪费。

作为隔墙活用不能撤去的承重墙

  我所设计的木结构住宅改造中，一定会进行抗震性能的诊断。判断下来抗震性能不足时，会进行"墙面增强""地基增强""缺损部分的替换""结构材料结合部分的强化""屋顶材料的替换"等工序。特别是墙面的增强往往伴随着平面布局的改变，因此需要下一番功夫。

  木结构建筑的重要地方会安设有"承重墙"以防止地震时建筑倒塌。在抗震性能增强工序中，需要在强度不足的几个地方增设承重墙。在旧抗震标准时期（1981年5月以前）建造的住宅不少都缺乏承重墙，而即便是新标准下建造的住宅，也常会看到承重墙建造位置偏移导致平衡性差的案例。在南侧设有大型窗户，有着一个没有隔墙的大型空间的住宅等，有必要考虑一下增强工序。

  存在不能移设的墙面需要增设墙面时，就尽量在新墙上增加有益的要素来提升生活舒适性。比如用于厨房燃气炉的遮墙使用，或者加上收

承重墙可以小幅度平行移动

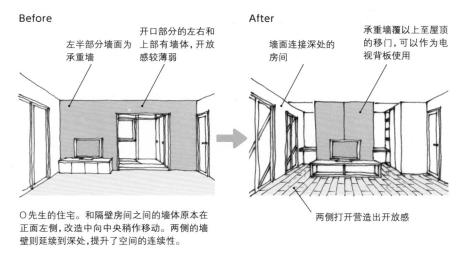

Before

左半部分墙面为
承重墙

开口部分的左右和
上部有墙体，开放
感较薄弱

After

墙面连接深处的
房间

承重墙覆以上至屋顶
的移门，可以作为电
视背板使用

O先生的住宅。和隔壁房间之间的墙体原本在
正面左侧，改造中向中央稍作移动。两侧的墙
壁则延续到深处，提升了空间的连续性。

两侧打开营造出开放感

纳功能等来提升墙面的利用价值。

　　在平行移动墙面的时候，也可以做到较低成本下移设承重墙。比如在O宅中仅将承重墙平移了约90 cm的距离，并在两侧设置屋顶高度的开口部分，提升了与深处房间的连续性。

　　在增设以及移设承重墙时一定要注意地基的位置。承重墙必须要和混凝土地基以及垫层结合到一起，所以有时候会需要增设地基的部分。并且有些老建筑里会有有地基却没有钢筋的情况。这种情况下，就需要增强为有钢筋的地基了。这些事情会左右改造的花费，所以事前一定要确认好。

活用屋顶高度增设阁楼的方法

想要增加有限空间的可用面积时，肯定会利用到高度空间。可以扩建的住宅另当别论，难以做到的情况下，也可以在房间的上部增设阁楼。

K宅中店铺和住宅并用，店铺部分为地面向上屋顶高3 m的空间部分。由于改造缩小了店铺的面积，因而为了补足就在墙面1.4 m高处的位置增设了阁楼用作仓储空间。高度1.4 m是因为这个屋顶高度以下的建筑面积不算在总建筑面积里，按照标准来说也就没有扩建的缘故。

这个方法不仅可以用于店铺，在一般的住宅中也可以应用。比如将1楼的地面下降到地基高度就可以提升空间的高度。将地面下降40~50 cm后，1楼也可以确保有足够的空间增设阁楼了。

只是在这种情况下，地板下的换气、防湿、隔热对策就必不可少了。地面下是泥土的时候，就需要新设"坚实地基"（土层和高出部分形成一体的钢筋混凝土制的地基）等，有必要进行大规模施工了。

相比之下，更简单的方法则是新设2楼阁楼的方法。2层的住宅可

有足够高度的房间设置阁楼也不错

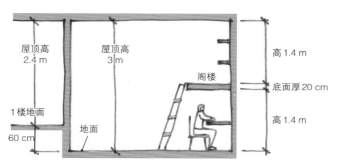

活用屋顶到地面的3 m高度差
新设收纳用的阁楼。

以考虑收拾一下2楼屋顶将其内侧空间增强一下,用于收纳空间的方法。这时候屋顶面上的隔热措施就是必需的了。

　　上到阁楼也有一些高度了,使用角度缓和的楼梯(有些地区会不允许设置)而不是角度较陡的梯子会使得上下更方便,空间的易用度也更高。

公寓住宅去掉屋顶板也可以变得更宽敞

在公寓住宅改造中，期望较多的就是"拓展空间"了。然而在房间面积固定的公寓住宅中，要怎么拓展空间呢？

这时候抬高屋顶高度就十分有效果。在别墅中也同样地，为了让面积受到限制的住宅看上去更宽敞，就不仅要在平面面积上，还要下功夫让楼梯间等地方让人感受到高度。特别是在不能扩建的公寓住宅里，通过拆除屋顶板抬高屋顶高度可以有效使得空间感觉更宽敞。

M先生的住宅屋顶高度只有2.3 m，房间也隔开很多间，第一印象让人感觉很狭窄。为了改造成开放感的住宅，对平面布局进行了改变，并且拆除了屋顶板，确保了起居室、餐厅、厨房和卧室有2.5 m的屋顶高度。

公寓住宅的屋顶通常都在分开上下层的混凝土板下装有吊顶基础部分。将这部分拆除后可以腾出10~20 cm的高度。比如在M宅的案例中，就在露出的混凝土板上直接涂上涂料进行了粗糙加工。

拆除屋顶板增加空间

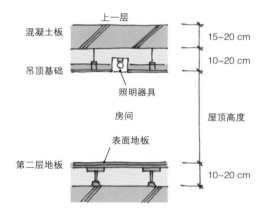

公寓断面图。屋顶和结构件的中间存在一些空间，能够活用的话就可以营造出开放感来。

　　在去除屋顶板的时候需要注意的是，首先隐藏在屋顶内的换气管道和其他设备的管道会暴露出来。换气管道可以用板材围起来，如果是金属制的管道甚至可以就原样保留下来。

　　其次是照明器材的设置。照明设施直接安装在屋顶上则电线肯定会暴露在外。作为对策，可以安装能够自由滑动照明位置的灯光导轨，或者使用墙面的间接照明取代屋顶照明等方法。

　　一般的钢筋混凝土公寓住宅的梁的高度为60~80 cm，去除屋顶板之后，梁的存在感就会特别明显，甚至令人反感。这时候我建议可以令家具的高度和梁齐平，使得外观整齐美观，并能缓和梁的压迫感。

　　屋顶的作用在于防止上一层的声音产生影响，因而在去除屋顶板的时候要预先清楚声音的传导方式也会因此发生一些变化。而根据公寓管理规定的不同，有可能不允许拆除屋顶板，这些都要在事前先做确认。

根据场景轻松转换的"移门隔墙"

通过移门位置切换不同的心情

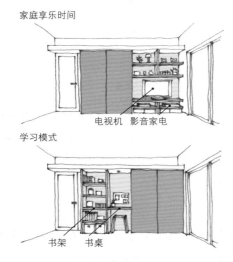

家庭享乐时间

电视机　影音家电

M宅的起居室。平时家人享受休闲时光以及有客人的时候，可以将移门靠近左边一侧，使电视柜开放出来。

学习模式

书架　书桌

移门靠近右边一侧使得书桌和书架展现出来。另一侧的墙面也是移门，打开后从对面房间也可以使用。

　　用以隔开空间的门户是很重要的物品。特别是移门滑动就可以开闭较省空间，而通过开闭就可以实现空间的变化，是非常优秀的装置。

　　通常来说，设置两张移门就需要两根平行的导轨，但我却经常将数张移门设置在一条导轨上，并下功夫使其在开闭时有不同的功能。我称之为"可变式移门"。

　　以M先生的住宅为例，电视柜和书架、书桌全靠在一侧墙面摆放，全部暴露在外则显得杂乱无章，因而就用两张移门遮去一半。看电视时滑向左侧，使用书桌时移向右侧，通过滑动移门就可以简单切换不同的用途。在起居室的墙面收纳空间上安装移门后，就可以一屋两用，功能性突出。

　　又比如S先生的住宅中，住房的2楼用于家教教室，所以就在和教室

关上移门后是书架，打开之后是出入口

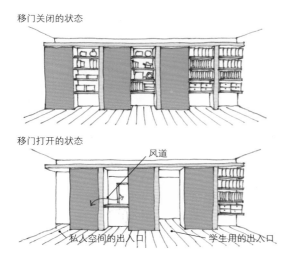

移门关闭的状态

移门打开的状态

风道

私人空间的出入口　　　　学生用的出入口

S先生的家教教室。出入口设有
学生用和S先生用的两处。将三
张移门都关上后是三个书架。

相接的走廊以及楼梯之间安装了定制的移门书架。上课时关上移门书架就显露出来，和住房划分开来。不上课的时候打开移门则是出入口和窗户，可以和住房连在一起使用。形成一种只需要滑动移门就可以在公共和私人空间里切换的装置。

　　像可变式移门这样只使用一根导轨时，有着一处较薄的空间就可以设置门户的优点。门板厚度约为4 cm，如果需要交叉使用那就需要8 cm的进深。而将四张移门向着一侧收拢，使得开口部分呈现全开状态的时候，就需要合计16 cm的厚度空间，意外地占用不少面积。

　　而最近，吊挂式移门也多了起来。由于不需要在地面铺设导轨，地面部分就非常平整了。而且具备缓闭功能，还有不易堆积垃圾、清扫方便的优点。

物美价廉的窗帘隔墙

隔开空间最方便的莫过于窗帘了。在"没到需要使用移门来划分的地步,但是开放着又不好用"时就很方便,所以我常在改造时给客户这样的建议。窗帘中也有近似于移门的东西。比如成品中有窗帘商家出售的窗帘屏风等。材料像挂毯那样比较硬质,可以根据喜好来定制。

比如在S宅中,卧室就分为床和休闲空间两部分使用屏风隔开。安装三张联动的屏风,白天用窗帘遮挡,使得卧室也可以开放使用。

普通的窗帘使用起来比屏风更方便。朴素的材料在成本上也有压倒性的优势。

比如在K宅中,为了能照顾使用轮椅生活的长子,长子和母亲共用一间卧室。而为了保证最低限度的隐私程度,使用窗帘隔开两边。白天开放着使得房间更宽敞,晚上则拉上可以隔开成各自的卧室使用。

窗帘对于轮椅的活动来说也比较柔软,比起板门就更安全。这里的

方便整理且适配房间风格

S宅卧室的屏风。轻巧易开闭，选择喜欢的手柄也可以配合室内装潢的风格。

三张屏风来隔开卧室空间

在窗帘深处放置了一个定制的衣柜

窗帘使用一副导轨直接从屋顶垂下，离开地面有30 cm的长间距，这也是考虑到轮椅的轮子不会卷到窗帘而设的长度。

相比板门隔开的方式，窗帘的特点是整体氛围更为柔软。色彩和设计也很丰富，可以配合室内装潢风格。而且有遮光和阻挡气味等各种功能。根据房间的用途来选择则可以构成各种功能的间隔，推荐一试。

将收纳柜作为"墙面"使用来区分空间

第三章中也曾提到,改造中常会使用收纳家具来分隔空间。使用可移动的家具相比一开始就用墙面来分隔的优点是更能迎合生活方式的改变来灵活调整空间格局。

比如在M先生的住宅中,为了隔开各个房间,定做了一个两侧都可以使用的收纳柜。为了构造出通道,收纳柜离开墙面80 cm放置。滑动安装在收纳柜上的移门就可以形成隔间。收纳柜并不固定在墙上,而使用螺钉固定在地面上,可以根据需要移动。

说是隔墙收纳柜,但也并不是顶到屋顶的设计,收纳柜上部留有空隙,使得屋顶看上去有连续性。如果和邻接空间的屋顶连成一片,则从视觉效果来说会显得房间更宽敞。并且在收纳柜的上方还安装了照明装置,灯光从屋顶反射形成间接照明。收纳柜的高度和梁的下端齐平,视觉上整洁美观。

用两面都能使用的储物柜来替代墙体

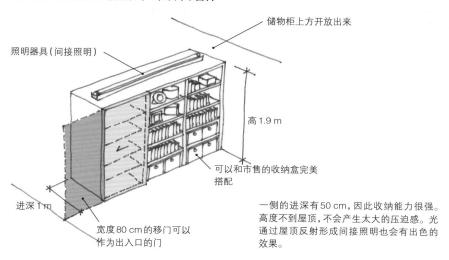

储物柜上方开放出来

照明器具(间接照明)

高 1.9 m

可以和市售的收纳盒完美搭配

进深 1 m

宽度 80 cm 的移门可以作为出入口的门

一侧的进深有 50 cm,因此收纳能力很强。高度不到屋顶,不会产生太大的压迫感。光通过屋顶反射形成间接照明也会有出色的效果。

　　就像日本以前房屋的气窗一样,间隔上的屋顶连续的话就算关着门也会产生开放感,并且通风也更良好不容易结露。使用硅藻土墙或者杉树等实木材料来制作地面或者家具可以使湿度调节能力更上一层。并且因为空气可以流动的缘故,稍微在安装位置下点功夫甚至还有能节省空调台数的优点。

　　另一方面,空开隔墙上部会有隔音效果变差的缺点。如果非常在意这一点的话,可以在到屋顶的这段间隙安装透明玻璃来隔音,当然空气也就无法流通了。

　　其他也可以使用装有轮子的家具来作为简易的房间分隔道具。移动方便所以在日常生活中也可以灵活使用。然而要注意太高的家具有翻倒的风险,因此要点是家具高度最好要控制在 1.6 m 以下。

通过光路和风道构造舒适的家

出于居住舒适性的考虑，确保屋内有足够的采光和通风是很重要的。白天都没有多少室外光线照射进来的住宅不仅会显得阴沉，照明电费也不可小觑。并且通风条件不佳造成湿气堆积对身体不好，对建筑也有害。

别墅住宅中，建筑的四面都朝向外部，因此比较好做改造；而对于开口部分已经固定的公寓住宅来说，采光和通风就需要琢磨一番了。

大部分公寓建筑中，常见的布局是日照良好的南侧设为起居室、餐厅、厨房，北侧对着共用的走廊，设有玄关和各自的房间，面对着中央走廊的是厨房、浴室和卫生间。因而走廊和用水设施往往照不到室外光线，不开玄关门则通风也比较困难。

特别严重的是通风条件。房间区分太细则通风变差，有结露的可能。而且空气不流通造成常年南侧房间暖和，北侧房间阴冷的状态。每次开门的时候南侧的暖湿空气就会进入北侧房间，特别是在温度较低的

在光和风能够通过的分隔方案上下功夫

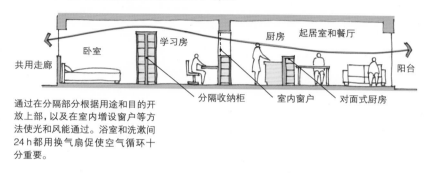

通过在分隔部分根据用途和目的开放上部，以及在室内增设窗户等方法使光和风能通过。浴室和洗漱间24 h都用换气扇促使空气循环十分重要。

窗框上就容易结露。结露不仅发生在窗框和玻璃上，墙面上也容易产生，放任不管容易发霉，变得糟糕起来。因而空气循环和减少各房间温度差就很有必要了，但是这也不是件易事。

因此，这时我在改造的时候就会提出在各个房间新设开口部分，增加采光和通风的方案。具体来说就是在墙面上新设窗户，房间使用家具来分隔开，并空出屋顶的部分。通过这种方法，只要打开南北方向的外窗就可以形成气流，缓解各个房间的温差。并且不直接面对着外窗的房间，也可以被外部光照间接照亮。

只是在开设新开口处的时候要注意漏光和漏音都会使得隐私无法得到保障，需要根据用途和易用性来考虑增设移门以及屏风等。

光线无法进入的住宅密集地
通过高窗来确保自然采光

在住宅密集地中，不少住宅被临近的住宅遮挡而没有足够的采光，白天室内也很昏暗。在改造这种建筑时，我会建议利用屋顶来确保采光充分。

方法主要有两种。第一种是增设天窗的方法。成品的话一处（80 cm 见方）大约需要 30 万日元成本来安装。天窗相比墙面窗户可以得到大约 3 倍的光照量，采光十分有效。只是需要注意的是，在增加光照的同时热量也增加到了 3 倍，必须要做好夏季防暑的对策。而且设在高处不容易够到，玻璃的清洁等养护工作要事先想好。

并且在现有的屋顶上直接开洞安装会有漏雨的风险。有些屋顶形状和材料上没法做到足够的防水措施，事先需要注意这点。

第二种方法是改变屋顶的形状来设置高窗的方案。一般山墙屋顶（两侧屋顶面倾斜的简单屋顶形状）的情况较多，这是一种需要先拆除原

住宅密集地要从高处获得光照

高窗

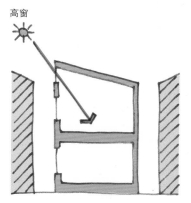

天窗

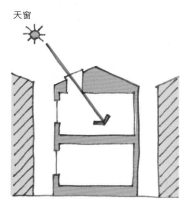

将山墙一侧抬高改成整片斜坡棚顶。在墙面高出的地方安装上高窗，获得光照。

屋顶的一部分安装上天窗，从屋顶面上获得光照。

本的屋顶，然后安装上整片斜坡棚顶，在下摆的墙面上增设窗户的方法。这可以获得比天窗更好的采光和温热环境。窗户位置虽然有些高，但可以方便地安装百叶窗等，而且清洁工作也比较容易。

在哪面墙上增设窗户要根据方向和周边环境来决定。基本上都是抬高远离邻接住宅一侧的屋顶，但要注意不抵触北侧斜线规定（为了防止北侧邻接建筑的日照条件恶化，建筑北侧施加的高度和屋顶倾斜度受到一定限制）。

设置高窗从成本上来说要比天窗高出相当多，在现有屋顶因为漏雨等原因需要更换的时候，不妨一起做个计划减少开支。在采光更好的同时，因为屋顶的提升使得视线也向天空延伸，从而提升了开放感，是一个值得推荐的创意。

安装飘窗改善采光

在前面提到的2楼采光方案中介绍过改善1楼部分采光的创意。

K先生的住宅三个方向都被其他建筑包围了起来，1楼室内基本上就没有日光照射。和东侧邻居住宅的间隙有约80 cm，只有在正午前后的一点点时间里才有日光照射进来。

因而我就将东侧的窗户替换成了飘窗。飘窗三面均为玻璃，形状上突出于外墙，日光从侧面玻璃狭窄的部分也能照射进来。白天短暂时间的日照中，飘窗窗台也可以通过反射阳光使得屋内感觉更明亮。也就是通过飘窗来接受平面窗户所接受不到的日光照射。并且飘窗的窗台可以作为多功能置物架使用，能有效地拓展有限的空间。在K宅中就作为电视柜活用了起来。

只是在这个创意中，需要设置飘窗的墙面如果在东西两侧则效果比较明显，在南北两侧就会有反面效果了。一边来说采光量和与邻接建筑

用飘窗来捕获阳光

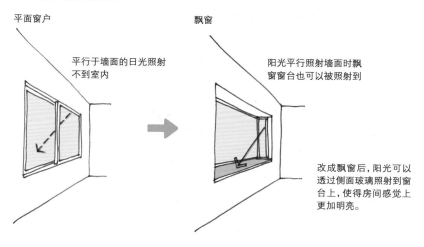

平面窗户

平行于墙面的日光照射不到室内

飘窗

阳光平行照射墙面时飘窗窗台也可以被照射到

改成飘窗后，阳光可以透过侧面玻璃照射到窗台上，使得房间感觉上更加明亮。

之间的距离成正比例,使用飘窗会缩短距离,反而会减少进光量。在南北面不妨抬高窗户位置,反而可以让房间更明亮。

　　飘窗还有其他需要注意的地方。首先是玻璃面比较多的缘故,隔热性能就比较差了。飘窗位置热量的积聚和散发容易造成结露现象。其次是很难使用窗帘和百叶窗。沿着玻璃面安装则开闭不方便,往往就会一直保持着关闭的状态。在采光和通风需要两全其美的时候,也许就不太适合安装飘窗了。一般的飘窗进深为30 cm左右,更大的突出幅度会增加窗体自身重量,就必须要用立柱和五金件支撑了。

　　虽然飘窗能给人以好的印象,但不是因为采光问题不得不采用的话,实际上我个人很不推荐安装。确实飘窗有让房间看上去更宽敞的效果,但是很少打开,然后堆积灰尘的住宅也很常见。在设置飘窗时,也一定要仔细斟酌易用性问题。

控制从天窗照射进来的日光

N宅的楼梯间,阳光从天窗处照进来,十分明亮。

安装天窗的时候,就和前面提到的一样需要控制光和热的量。从功能上来说百叶窗或者屏风就可以满足要求,不过这里要介绍一个定制设计的案例。

N先生的住宅是一处位于三角形的异形基底上的2层住宅。玄关位于没有窗户的昏暗的L形布局中央。

于是,改造中就将玄关侧面的楼梯移动一下,将上下台阶作为楼梯间连接到中心部分。屋顶上开有天窗,确保了采光量充足。并且2楼的门廊地面铺设有不易开裂的半透明聚碳酸酯板,这样做是考虑到从屋顶透射进来的阳光也可以照射到1楼。

当然不只是采光,还有过热的对策。这个案例中就制作了覆盖天

遮阳以及灯箱板两用的门板

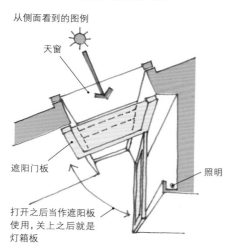

从侧面看到的图例

天窗

遮阳门板

照明

打开之后当作遮阳板使用,关上之后就是灯箱板

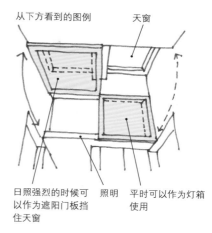

从下方看到的图例

天窗

日照强烈的时候可以作为遮阳门板挡住天窗

照明

平时可以作为灯箱使用

窗的"遮阳门板"。虽然是门板,但并不是用门板材料制成的,而是使用了亚克力和布料。两张亚克力夹住布料,施以边长80 cm左右的方木框,并制作了两套。布料使用了N太太作为兴趣收集的夏威夷布,将其活用在了室内装潢中。布料可以方便放入取出,因此可以根据季节随时更换。

通过这幅遮阳门板,在日晒强烈的时候可以用长竿手动关闭,平时则可以作为墙面灯箱板来使用,在夜间给楼梯间提供柔和的照明效果。

天窗遮阳通常使用百叶窗或屏风等,但是隔热效果不太理想。这幅门板使用木框直接覆盖住整面窗户,没有缝隙使得热量被挡在室外。同样地,使用和纸来制作门板也可以发挥隔热效果。和纸同时还有着柔化光线的特征。在设置天窗的时候不妨放在一起考虑一下。

透明的2楼地面使得阳光可以照射到1楼

这节介绍一下没有窗户的昏暗的1楼空间也能接受到自然光照的创意，也就是在2楼地面采用透明材料的方法。这种透光地面我称之为"采光地板"。在透光地面上方2楼屋顶再增设天窗使得1楼采光效果非常不错。

采光地面主要使用两种材料。较多用的是层压玻璃（在数层玻璃间用树脂等中间膜黏合制成）。特征是相比普通玻璃不易碎裂，弯曲度更小。在店铺或者舞台地面常常会用到这种材料，从下面向上投射灯光时使用。

但是终归是玻璃制品，有硬物坠落时还是有破裂的可能存在。不过层压玻璃破裂之后，玻璃也不会飞散，相对来说比较安全。玻璃表面比较光滑，用在通道上时需要采用经过防滑加工的玻璃制品。

另一种材料是聚碳酸酯。这是一种经过特殊加工的塑料制品，基本上没有破裂的顾虑。万一破裂也只会产生裂纹，安全性来说也相当高。

阳光可以透过透明地面照射进来

2楼的阳光通过聚碳酸酯"采光地板"照射到1楼。

只是相对玻璃有容易划伤以及弯曲度较大的缺点。因而需要在选择上下些功夫，比如使用划痕不太显眼的磨砂加工的产品，或者铺上垫子等方法来减少摩擦噪声。

需要注意的是预算问题。地板1 m^2的成本在1万日元左右，但是透光地面的附带施工包含在内可能需要10万日元左右，有10倍的差距存在。需要认真考虑在提升居住性能方面是否真的有必要采用。

其他也有使用木制或者金属塑料制栅格板等作为地面，使光照能透到楼下的方法。但是这些材料都不适合日常步行使用，只推荐在阁楼等使用频率比较低的空间里采用。根据目的和喜好不同，好好下一番功夫来做改造吧。

遮挡外部视线的栅格百叶窗

　　为了采光和通风良好,窗户会尽量做大,但是在住宅密集和行人较多的地方,从屋外来的视线就会比较令人介意了。

　　K先生的住宅在三个方向都有其他住宅,特别是在南侧有一个2层楼的公寓,所以需要提高住宅内的隐私保护。喜爱冲浪的K先生专情于浴缸泡澡,所以面对着1楼木制平台搭建了一处浴室,为了能够从海边回来时即便浑身湿透也可以直接从平台进入浴室而采用了落地窗。而且为了能够使浴室具有开放感,所以整面都是玻璃窗。

　　于是为了能够防止浴室完全暴露在外部,就将建筑南侧的平台整个用栅格百叶窗围了起来。使用的是DIY中也常会用到的约5.08 cm × 10.16 cm(2 in × 4 in)(Two-by-Four)木材,从成本上来说也比较低廉。

　　栅格使用宽4 cm、进深9 cm的方形木材,以4 cm间隔并排排放。对于正面宽度4 cm的方形材料来说,4 cm的间隔的开口率就是50%。间隔狭窄则相应地也能遮挡更多的视线,但是反过来会变得昏暗封闭而且影

栅格百叶窗可以遮挡视线

K宅的栅格百叶窗上至2楼起居室，白天室内比室外暗因而看不清。

从K宅1楼的浴室看到的栅格百叶窗。平时全开状态，使用时可以合上百叶窗。

响通风。开口率在50%左右则正好可以作为挡住视线的屏风来使用。

　　4 cm的间隔可能会让人担心视线阻挡效果不好，但是白天时相对于室外来说室内要暗很多，基本上是看不清内部情况的。而在夜间开灯的时候，栅格也有适度的遮蔽效果。并且栅格的进深有9 cm之多，稍微倾斜一下基本上就完全看不到里面了。

　　像这样的栅格百叶窗在越狭小的庭院里越推荐使用。比如在住宅密集的地方使用砖墙围在住宅边界就会产生很强烈的封闭感。而且使用砖墙围起来的狭小场所通风状况也不佳，不但不能种植植物等，对于人或者住宅来说也不能称之为是个好环境。使用栅格百叶窗不仅能改善采光和通风，还能营造出良好的开放感，和周围环境也能给人温和的印象。

　　K宅的栅格使用了较为耐用的红衫木材，为了保护木材每隔数年还需要重新涂刷一次。不想在维护上花费时间精力的话，可以使用木粉

视觉效果不同的三种百叶窗

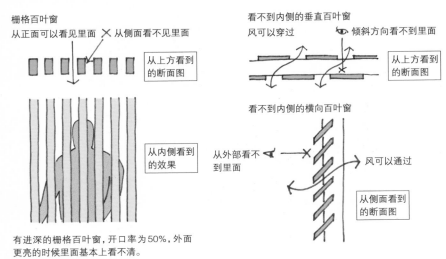

栅格百叶窗
从正面可以看见里面 ✗ 从侧面看不见里面

从上方看到
的断面图

从内侧看到
的效果

看不到内侧的垂直百叶窗
风可以穿过　　　　　👁 倾斜方向看不到里面

从上方看到
的断面图

看不到内侧的横向百叶窗

从外部看不
到里面　　　　　　　　　　　　风可以通过

从侧面看到
的断面图

有进深的栅格百叶窗,开口率为50%,外面
更亮的时候里面基本上看不清。

和塑料合成的人工木材,以及方形铝管上张贴木纹贴纸的产品。虽然
价格上比木材要高很多,但是不需要维护因而可以省去将来的精力和
财力投入。

从保护隐私方面来说,也可以使用磨砂玻璃以及半透明聚碳酸酯
(比玻璃更轻且不易破裂的塑料类材料)等材料,但是在采光良好的同时
通风却比较差,因而不推荐在狭小的地方使用。从采光和通风,以及开放
感和隐私保护各方面来说,我认为栅格百叶窗确实也是最适合的材料。

除了从正面可以看得清的栅格百叶窗外,也有能够通风且遮挡视线
的砖墙(参考下一页插图)。可以根据需要的隐私保护程度来斟酌要使
用何种方案。

第五章

令人产生好感的室内装潢技巧

通过"焦点"提升房间印象

既然已经在进行改造工序了，自然是想选择自己中意的表面材料。但是随着施工进展下去逐渐就偏离了原来的设计方案，可以选择的面也会受到限制，所以在着手改造之前一定要认真研究一下。

室内装潢的协调中重要的是要构造一个"焦点"出来。焦点指的是在一个空间中最能吸引视线的地方。通过构造这样一个地方可以使空间整体统一起来。

具有代表性的有壁龛和日式移门上的画等。欧美的壁炉也同样，在视线聚集的地方放置一个有特征的东西可以骤然加深对房间的印象。反之，房间里没有能成为焦点的东西的话，整体印象就会变得单薄散漫。

具体手法有许多种，比如将四面墙中的三面留白，而要作为中心的墙面则改成其他颜色就是一种常用的手法。其中最方便的莫过于粘贴不同的墙纸了。比如在N宅中，兼作起居室收纳柜的电视背板墙面就张贴了橙色的墙纸。在家人团聚的场所选择了活泼的色彩。

吸引目光的地方赋予房间以个性

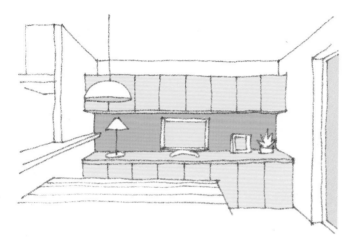

墙面等宽的定制桌台收纳柜和吊挂式橱柜中间的墙面上张贴橙色编织墙纸。通过色彩来吸引视线，提升房间的整体印象。

也有人在四面墙上贴满同一种自己喜欢的色彩或花纹，但是这样做会使得印象过于强烈，气氛反而不够沉稳。特别是能给人强烈印象的东西往往也很容易厌倦，在选择色彩和花纹时务必要慎重。

将墙面作为焦点是因为墙面材料比较容易区分，也可以将自己中意的窗帘或者家具作为焦点。把能够自然吸引视线令人印象深刻的东西以及能让人感受到个性的东西放到房间中心便是成功的秘诀了。

"想要这样的气氛""这个东西非常喜欢"，有了这样明确的想法后，房间的个性就成形了。每个人针对墙面、窗户、家具等都会有各自的喜好想法。将这样的想法作为基准来装潢可以使得所有房间风格统一。没法确定使用什么风格的时候，可以参考杂志或者样板房中自己喜好的装潢方式，也可以借助咨询建筑师及室内装潢师的力量。

掌握色彩协调能力

　　室内装潢中占据了一个重要因素的就是色彩的协调了。色彩会极大左右空间的整体印象。如前一节所述，确定焦点后空间整体色彩的平衡就很重要了。比如只在一面墙上着色，那么就要考虑其和其他墙面、地板以及家具、窗帘等的平衡来配色了。所有房间的协调非常重要，而不是其中某一个部分。

　　需要协调色彩时，利用颜色的明暗，不增加太多颜色数量是很重要的。

　　通过色彩的明暗可以大幅改变房间给人的印象。颜色也有轻重感，亮色调感觉更轻，而暗色调则更重。利用这样的效果，按照地板—墙面—屋顶的顺序逐渐提高色彩亮度，可以使屋顶看上去更高更广阔。

　　反之，屋顶使用暗色调会显得低沉，在书房等需要稳重气氛的地方使用则非常有效果。在焦点处着色也是利用了颜色能凸显这一部分的效果。

　　将所用到的颜色要控制在"底色""主色""强调色"这三种颜色内是有效统一色彩的诀窍。底色用于构成房屋背景色,用于地板、墙面和屋顶等,差不多占据了整体的七成左右。墙面和屋顶使用白色系或者象牙色系,地面使用同源色系的茶色是比较正统的统一方式。卧室和和室等,需要沉稳气氛的地方可以使用稍微浓郁一些的色彩。

　　主色勇于展现房间的个性,控制在整体的25%。家具和窗帘等部分施以这类颜色作为焦点色。而强调色也可以称之为"反差色",是用来凸显主色的颜色。为了能加深对焦点的印象,不妨饰以和底色或主色呈现对比色彩的杂物以及小物件等。

　　地板和墙面的颜色基本上已经固定,所以很容易统一起来,将自己喜欢的颜色用于焦点处,使用可以更换鲜艳色彩和流行花纹的坐垫以及小物件等装饰一番,便是室内装潢历久弥新的诀窍了。

了解墙面材料特征方便做出协调

　　从各种材料中来选择用于墙面的材料是一件愉快的事情,然而要掌握颜色、样式、纹理还有各自的特征和预算等之后再做决定就变得很麻烦了。即便如此,只张贴白色墙纸的话虽然保险一些,但是房间也会相应乏味起来,既然都已经决定要张贴了,还是希望可以让空间效果别致一点。

　　住宅中所使用的墙面材料特征就像前面所提到的那样,而下面就来介绍一下各种材料最近的发展倾向和选择时需要注意的问题。

　　改造中选用最多的墙面材料莫过于墙纸了。原材料有纸张和编织物等多种,在日本主流的是乙烯基编织墙纸。编织墙纸有着庞大的颜色、样式、纹理种类,有些还具备抗污、防霉等多种功能。在选择的时候一定要实际体验一下30 cm见方的实物样品,而不是样品小册子。

　　颜色比较微妙以及花纹样式比较大的时候更需要大尺寸样品用来确认了。最好能够参考样板房和实际使用样例帮助想象整体效果,然后再慎重选择。

　　这几年间，色彩大胆、形式奇特的产品逐渐增多了起来。主要是从欧洲进口的纸质墙纸，因沉稳的颜色和哑光表面大受欢迎。当然国产的和纸墙纸也仍然占有一席之地。和纸表面风格明显使得接缝处显眼不容易处理，但其纤维特有的不均匀质感可以很柔和地包裹住整个空间。

　　聚乙烯编织墙纸中不乏具有光触媒除臭功能的产品。效果基本上是半永久性的，不妨在卫生间以及香烟味道比较大的房间里张贴使用。

　　然后是粉刷，材料有泥浆、石灰和硅藻土等。真正需要涂刷泥浆或石灰的话非常消耗人力和精力，一般的住宅中很少会采用。现在一般会使用混合树脂的泥浆风格聚乐涂料（京都聚乐地区出土文物土墙上使用的涂料方式）和石灰涂料等。相比墙纸来说，色彩种类比较受限，但是可以很方便地使用抹子和刷子来加工出各种纹理。

　　硅藻土由于调节湿度的效果非常好，因而在粉刷材料中比较受欢迎。但是根据产品不同，硅藻土的含量也有区别，对湿度调节能力比较重视的话，一定要事先确认一下含量。还有一种和硅藻土性质比较相近的ECOCARAT瓷砖（呼吸砖）也非常受欢迎。板块的形状易于施工，常用在室内营造和整体风格的反差。

　　涂刷在欧美的住宅中很平常，但是在日本就算是少数派了。这种方式有着墙基凹凸显眼并且会因地震或冷热收缩开裂的问题。但是因为可以营造没有接缝的平整墙面，颇受有此需要的建筑师的喜爱。

　　通常会使用红杉、欧洲赤松和云杉作为木板材料。而地板材料也可以张贴到墙面或者屋顶上。木材贴皮（将木纹美观的木材刨成薄片压实）则以橡木、樱桃木以及胡桃木为代表。实木材料可以直接活用其颜色，也可以经过涂装之后拥有各种表现效果。由于实木材料上有木节和木纹，一点划伤不会太显眼，使用上就不必太小心。

　　浴室等用水环境附近使用耐水性较强的桧木和花柏最为适合。虽然在使用时可以享受仿佛森林中的香味，但是使用后不充分干燥则会成为恶臭和发霉的源头,因而要十分注意。

其他比如公寓中常见的直接暴露水泥墙面的表面处理方式,由于结构墙体直接裸露在外,隔热性能就比较缺乏,布管、布线也完全裸露在外,并不太适合居住环境使用。但只露出一面墙作为焦点使用的话,倒反而是种令人印象深刻的设计方式。

具有代表性的墙面材料一览表

项 目	壁纸 (编织类)	粉 刷	涂 刷	木材(板)	石材和瓷砖	混凝土
价格 (日元/m²)	1 000~1 500	4 000~6 000	1 500~2 000	4 000~6 000	1万~	3 000~4 000
特 征	·色彩花纹丰富 ·施工简单快捷 ·价格低廉	·天然材料有调节湿度的效果 ·可以使用抹子和刷子来加工出各种纹理	·多种颜色可供选择 ·表面平整没有接缝	·有多种树种和着色方式可以营造出不同的气氛 ·实木材料有调节湿度的效果	·富有厚重感 ·可以通过表面加工得到各种不同的效果	·直接使用墙基,不需要进行表面加工 ·粗放的氛围效果
需要注意的地方	·接缝处显眼 ·长年劣化后容易剥落 ·聚乙烯编织墙纸可能会使人身体不适	·施工花费人力精力 ·容易开裂剥落	·处理墙基销较大 ·容易开裂 ·小范围的重新涂刷比较困难	·颜色厚重以及多节的木材容易产生压迫感,不适合全面张贴	·墙基以及施工需要消耗人力 ·材料较硬,不适合全面张贴 ·凹凸不平,不易清理	·容易弄脏,因此经常触碰的地方需要刷清漆 ·表面粗糙,无意间碰撞容易造成疼痛

了解地板材料的特征和可维护性

主要的4种地板纹理

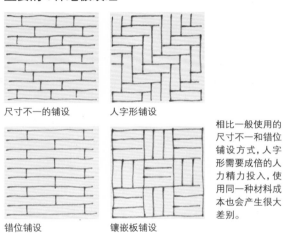

尺寸不一的铺设　　　人字形铺设

错位铺设　　　　　镶嵌板铺设

相比一般使用的尺寸不一和错位铺设方式，人字形需要成倍的人力精力投入，使用同一种材料成本也会产生很大差别。

地板材料也和墙面材料一样有着丰富的种类。然而地板上需要放置物品，每天也要行走其上，因而比起墙面材料对耐久性和可维护性有更高的要求。根据使用场所和使用状况的不同，需要的功能也有差异，要把握住特征再来做出选择。

所谓地板，就是木质类的地面表面材料，分为实木材料和复合材料（多层地板）两种。主要的树种以橡木、松木、樱桃木、柚木、胡桃木和竹子等为代表，同一树种粘贴的方式不同也会产生多样的效果。

实木材料即一整张板材削成的地板，一面可以享受实木的质感和温暖触感，另一面由于容易收缩因而不适合地面供暖的房间使用。稍微有些损伤，使用砂纸打磨一下就不明显了；而稍微有些凹陷，则使用蒸汽熨斗熨烫一下就可恢复原样。长尺寸的实木材料价格非常高昂而且不易入手，现在来说块状和尺寸不齐的类型里有不少价格低廉的进口材料被

具有代表性的墙面材料一览表

项　目	地　板	地　毯	榻　榻　米
价格 （日元/m²）	7 000~1.5 万	5 000~1 万	7 000~1.4 万
特　征	• 木材的氛围给人温暖的感觉 • 实木材料脚掌触感温软，且有调节湿度的效果	• 具有消音性能 • 触感温暖，缓冲性高 • 使用砖片式地毯则可以自行更换	• 具有缓冲性能 • 有调节湿度的效果 • 可以用在床和座椅上
需要注意 的地方	• 要预留实木材料伸缩的间隙 • 需要定期上蜡维护	• 经常走动的地方容易破损 • 容易被液体弄脏，容易积灰、孳生螨虫	• 容易孳生螨虫 • 比较容易破损 • 有边缘的榻榻米会使和风印象过于强烈

广泛使用。使用氨基甲酸乙酯（乌拉坦）涂装的实木材料耐水性和耐久性更高，但是调节湿度的效果和温暖感也大打折扣。并且在重新涂装时需要先剥离原先的涂装材料，因此，在平日里要注意做好上蜡等地板维护工作。

另一方面，复合材料使用胶合板表面张贴木纹贴皮（从天然木材表面刨下的薄片）或者木纹纸制成，相比实木材料来得廉价但是效果一样美观。但是为了提升耐久性，不少产品在表面张贴防水贴片或施以涂装加工，和木材本身的质感可能相去甚远。

我个人推荐使用较厚贴皮的复合材料产品（表面贴皮厚度达到2 mm以上）。外观上和实木材料相比毫不逊色，反曲和收缩也更少，在地面供暖的房间也可以使用。其中还有一些产品有油性涂料涂装，比较耐刮伤，而且维护也比较容易，亚光质感可以营造出沉稳的气氛来。

其次是铺设地毯，虽然被介意脏污和灰尘的人敬而远之，但是近年来在公寓中为了追求消音性能和保温性能，其采用量也逐渐多了起来。我觉得这和防螨、消臭、防污等功能性较高的产品以及可交换式的砖片

橡 胶 垫	瓷砖和石板	砂浆(混凝土)	软 木
4 000~8 000	1万~	3 000~5 000	1万~1.5万
· 具有防水性能 · 具有缓冲性能 · 价格低廉	· 种类繁多,各种价格均有产品可供选择 · 具有防水性能	· 价格低廉 · 可以品味近似于三合土的氛围 · 通过表面涂装可以呈现出各种质感	· 具有缓冲性,脚掌触感舒适 · 温暖且有消音性能 · 耐水性强
· 老化后有剥落的可能 · 有凹凸的产品容易积累脏污	· 触感较冷,不适合需要赤脚行走的地方 · 接缝处易脏 · 施工花费大量人力和精力	· 给人粗糙的印象,需要根据个人喜好来选择 · 容易沾灰,因此需要防尘涂装 · 脏污很难清理	· 使用黏着剂粘贴,施工后会留有气味 · 砖片形的产品容易从接缝部分受损

状地毯的普及是密不可分的。色彩、花纹和材料都很丰富,根据功能、设计和预算不同有着多种选择。

相反地,榻榻米的使用量却在减少。相比使用榻榻米的和室,最近反而是可以移动的榻榻米角落更有人气。年纪上去后,相比坐在地面上,还是坐在椅子上会更舒服一些,因而我推荐在起居室的一角设立一个约4.5 m²的高起部分来代替座椅。比较有人气的是琉球风格榻榻米和无边榻榻米(目积风格榻榻米),但是由于材料特殊以及需要额外加工,因而比普通的榻榻米贵出许多。

橡胶垫地板是用聚氯乙烯制的片材制成,耐水性强且容易清理,常常使用在用水设施里。相比地板和瓷砖触感不那么冷,也比较适合需要赤脚行走的地方。

瓷砖一方面耐久性高且容易用于设计,另一方面,如果没有地面供暖设施则冬季会变得冰冷,完全不适合在需要赤脚行走的地方。虽然也有素烧的红陶砖片和暖瓷砖等不太冰冷的种类,但是相应的抗污能力也较差。我推荐在南面窗边日照良好的场所使用瓷砖地板。夏天可以防止直射阳光晒坏地板,冬天则可以吸收阳光热量,改善寒冷的窗边环境。

左右装潢效果的窗边物件

　　在改造工程中往往会被推迟的就是窗边装饰的工序。在重新张贴墙面和屋顶前不做好细致入微的计划的话，之后可能会没法安装窗帘导轨以及窗帘盒等。特别是作为房间焦点来考虑的话，很可能成为破坏设计平衡的原因。

　　窗边通常会有窗帘、遮阳罩（布制，可上下开合）、帘（卷帘、折帘）、百叶窗、垂帘（纵向的百叶窗）、拉门等。

　　窗帘是横向开闭的，和水平推拉窗十分搭配。因为悬挂后需要覆盖掉整面窗户，窗帘在室内一侧的进深就要占据10~15 cm，对于狭小的房间来说，这点空间就有些浪费了。

　　这种情况下就比较推荐百叶窗或者卷帘了。在10 cm的窗框内就可以设置，外观上也比较整洁。而且因为开闭是上下活动的，不会有左右方向因为折叠造成的空间浪费。不过因为卷起机制设在上方，全开的时候会有一部分遮住窗户上方的问题。特别是木质的百叶窗因为板材厚度的关系，折叠需要的空间部分就更大了。安装在需要频繁探出头去的

窗边整洁美观

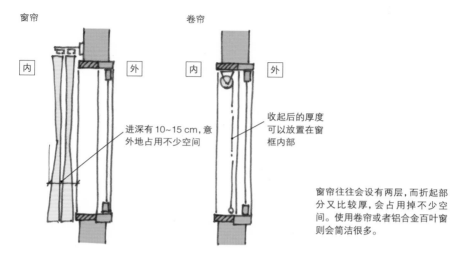

窗帘

卷帘

内　外

内　外

进深有 10~15 cm，意外地占用不少空间

收起后的厚度可以放置在窗框内部

窗帘往往会设有两层，而折起部分又比较厚，会占用掉不少空间。使用卷帘或者铝合金百叶窗则会简洁很多。

窗户上时，要确保足够的高度以免头部碰伤。

上下活动式样的铝合金百叶窗最为廉价。虽然清理会比较麻烦，但是可以利用叶片反射阳光照亮房间深处，也可以很好地遮挡视线。

卷帘开合容易，清理也比较轻松。折叠式折帘的折痕很有日式移窗的风格，因而与和室也非常相配。垂帘比较适合有一定高度的水平推拉窗。全开的时候左右虽然会占用一定的空间，但是可以控制叶片角度，方便地调整室内的采光并阻挡视线。

顺便一提，以上这些基本上都不具有隔热性能。如果对冷暖比较介意，可以使用隔热屏风（中空的卷帘）或日式移窗会更有效果一些。

窗边装饰物品就色彩、花纹和材料不同，有着庞大的种类数量，在决定前要了解各种类型的特征并选择符合自己印象中式样的产品。由于和功能以及预算也密切相关，为了不被推迟，在做计划的时候就要一并考虑进去。

使用理想的照明计划营造放松的空间

　　照明往往只被当作照亮房间用的设施，但实际上和其他内部装修一样，是室内装潢协调所不可或缺的要素。

　　为了生活方便而设计的住宅照明计划从基本上来说就是"一室多灯"。以前的住宅里通常一个房间只有一处照明，为了能够照到房间角落就需要使用亮得发白的荧光灯，从心理上来说，根本就没法在这样的空间里放松下来。

　　人本来就是一种"日出而作，日落而息"的生物，所以我认为晚间稍微暗一点也无妨。即便如此，用于精细作业或者读书的场所还是需要足够的照明的。当然不是整个房间一片明亮，而是在必要的场所设置足够的亮度就好。

　　理想的照明计划是迎合整体规划和家具布置来分散照明，使得较弱的照明在感觉上也足够明亮。这样就可以营造出身心舒适的空间效果了。

　　具体的照明手法有直接照射地板和书桌的"直接光"和从屋顶墙面

通过直接光和间接光的搭配来营造舒适的房间

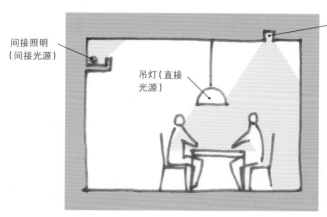

间接照明
（间接光源）

吊灯（直接
光源）

吸顶灯（直接
光源）

"攻击性光源"的直接光源和"守护性光源"的间接光源分别放置在必要的场所里，就可以营造出不过于明亮且舒适的房间来了。

等反射光源的"间接光"两种。

直接光即使用吸顶灯、点光源、屋顶灯（安装在屋顶的照明）和吊灯等，而间接光源则有向上照明灯、壁灯和落地灯等。

一处直接光源要照射到房间角落就需要相当强的亮度。这种亮度直射眼睛就太过炫目了。所以将直接光的光量分散开放置到墙面一侧或者桌子上等需要光照的地方是很重要的。将光源集中照射到一个地方富有攻击性意味，我个人称之为"攻击性光源"。

而另一方面，间接光因为光源不可见的缘故，不会让人感觉到太过炫目。虽然相比直接光源亮度较弱，但实际上亮度也足够了。人的瞳孔针对光亮度会做出放大收缩的反应，光源直接照射眼球时瞳孔就会收缩使得周围看起来变暗，不直视光源时瞳孔就会放大，相对来说周围就会显得亮一些。从心理上来说，反而会感觉到更明亮，在这个意义上我称其为"守护性光源"。

需要分散光照时，这两种光源就需要组合起来使用，因而间接光源的设置也是必不可缺的。

间接照明的要点就在于不显眼的光源布置方式和反射面的亚光反光处理。要注意镜面加工的表面反射光过于炫目，而暗色表面又不利于反射光的扩散。

有人担心分散照明的方式会增加灯具上的投入，但是吸顶灯和间接照明的灯体本身基本上就看不见，使用较为廉价朴素的产品也无妨。一个灯具只需要几千日元，相比屋顶灯只需要1/5左右的投入即可。另一方面，吊灯、壁灯和落地灯等灯具自身的设计会大大左右内部装潢效果，请根据房间氛围精心挑选。

最近节省能源的LED灯具逐渐成为主流。这类产品普遍可以使用遥控器控制，从灯泡黄到日光白等各种色彩和光量也随意控制。

还有比如装有天黑感应器可以自动点亮，用于玄关和卫生间等能感知到人等具有多种特别功能的灯具也多了起来。可以通过一个按钮控制多处灯光的遥控器也普及起来，不妨仔细研究一下自己需要的功能然后再制定照明计划。

第六章

被改造计划左右的改造费用的要点

资金要用在哪里？考虑改造预算的方法

    对自己的住宅进行改造的话，就必须考虑使用多少预算的问题了。本身能从存款和将来开支中拨出来的预算就十分有限，却对改造需要的费用没有概念的人也不在少数。为此，我一般会告知客户框架改造"约3.3 m² 单价50万日元（不含税）"的参考价。以此为例，总建筑面积115.7 m²则会花费1 750万日元（不含税）。这个金额虽然是根据以往经验推算出来的，为了能提升生活舒适度，这基本上已经是最低的必要预算了。比这更低的预算很难进行结构增强的施工，仅仅只能更换内部装修和设备等，很难从根本上改善生活状况。

    然而事实上，本身就不能断言说"改造施工费用参考数额=0日元"。根据不同建筑的结构和建造年数差异，必要的改造范围和内容也各不相同。况且有不少建筑的图纸和建造记录都已经遗失，不把墙面和地面拆开就没法了解到建筑物目前的状态。根据劣化情况，施工费用的增减也是不可避免的事情。

为了改善生活舒适度,确保足够抗震性能、提升隔热性能、平面布局的变更、设备的更换以及内部装修的改修是必需的。

　　预算有限时应该重点用在什么地方呢? 在木结构的别墅住宅中就是"抗震性能增强"和"隔热性能改修"。这部分后期再施工就会比较困难,需要和平面布局变更以及内部装修的改修一起进行。这些由于效果不明显往往会被推迟到后面,然而在紧急情况发生时"抗震性能增强"是可以保护生命的保险措施,而"隔热性能改修"不仅能提升舒适度,还能节约长期居住的成本。并且其他施工工序以后实施起来也会更方便,有助于降低整体预算。

　　即便如此,预算实在难以满足需求的时候,也可以自己采购材料自己动手来降低支出。或者不要一次完成所有改造工序,可以一边积攒资金一边分成几次来施工。无论哪种情况,重要的是都要预先做好整体的改造计划。

单元浴室的更换	将传统浴室更换成单元浴室	洗漱化妆台的更换	卫生间的设备和内部装修更新	重新涂刷外墙	屋顶的更换
70万~140万日元	100万~150万日元	10万~50万日元	25万~50万日元	90万~140万日元	100万~150万日元
现有浴室是单元浴室时施工会比较容易。设备费用50万~100万日元,施工费用需要20万~40万日元	拆除和排管施工花费较多。如果需要修补受损地基或者需要移动时,还会产生额外的费用	只需要更换设备则费用较低。安装收纳部分、变更位置和内部装修等会产生额外费用	温水冲洗坐便器需要约15万日元。再安装洗手水槽需要合计约30万日元。内部装修施工从10万日元起	以上为2层楼,总建筑面积在100 m²时的费用,还会有临时支架的费用。如果是粉刷墙面则费用更高	以上为屋顶面积在100 m²时的费用。只涂装的费用在35万日元起。有漏雨的情况下基材的更换会产生额外费用

重新粘贴地板	安设地面供暖	重新张贴墙纸	粉刷成硅藻土墙面	增强抗震性能	地板、墙面、屋顶的隔热施工
15万~20万日元	50万~75万日元	10万~20万日元	30万~40万日元	10万日元~	30万~80万日元
以上为粘贴约9 m²大小的地板时的费用。材料不同价格也会有很大变化,需要更换地板龙骨时也会产生额外的费用	以上为约18 m²的房间里需要更换全部地板铺设时的费用。在现有的地板上叠加施工费用会相对低一些	以上为约18 m²房间内在墙面和屋顶张贴聚乙烯编织墙纸时的费用。其中也包含了剥离原有墙纸的费用。使用天然织物或和纸张贴会增加费用	以上为屋顶20 m²、墙面30 m²左右的房间的费用。材料费用虽然低,但是施工比较消耗人力	以上为宽91 cm的墙面使用支柱和夹板等增强时的费用。根据建筑状态不同费用还有变化	以上为地面面积100 m²时的费用。隔热材料本身并不昂贵,但是因为需要彻底进行隔热面,制定计划时需要和内部装修放到一起考虑

※ 上述费用均为各项施工单独进行时的大概费用。实际情况可能会随施工范围和内容变化。

将拆除控制在最小范围内
活用现有资源降低费用

　　想要降低费用支出首先需要考虑的就是尽量不破坏现有建筑并将其活用起来。减少拆除的范围自然就能减少这部分的施工费用了。

　　以地面为例，更换地板时就需要剥离粘在原地板上的基材胶合板，然后将新的胶合板和地板材料粘贴在一起，这样就需要材料和人工费用。地板如果没有弯曲的话，也可以在其上直接张贴新的地板材料，这样就不需要拆除施工的人工和胶合板，因而可以降低费用。只是材料比较厚的时候，与门和落地窗等的高度就没法统一，连接部分就需要有一定的坡度。

　　墙壁也同样，往往会保留原有墙面然后直接施以新墙面。在编织墙纸上直接涂装或者贴上板材等，就和地板一样不需要拆除施工的人手了，费用也会更低。公寓住宅中也可以直接剥去墙纸，将混凝土墙体直接裸露在外。只是隔热性能可能会下降，所以要避免外墙那一侧的墙壁裸露出来。

　　然后是窗户方面。窗框实际上不是直接更换就可以的，为了能做到防水,更换窗框要将周围外墙的一部分拆除。拆除的外墙的建新如旧也是成本抬高的要因,因此能够活用现有的窗框来做隔热化改造才是上策。

窗户的隔热化方法有三种。第一种是内窗(内窗框)的设置。虽然隔热性能和隔音性能较好,安装也比较简单,但是两层窗户开闭起来还是会有一些麻烦的。

第二种是只更换窗玻璃的方法。也就是将现有的单层玻璃替换成隔热性能更好的双层玻璃。但是要注意原来的窗框形状有可能装不下双层玻璃,以及新玻璃太重会有压坏窗户滑轮的可能。

第三是使用遮罩施工方法来更换窗框。拆去现有窗框,然后在损坏的外墙部分安装防水遮罩。虽然这样可以以原窗户的尺寸更换成新窗框,但是设置新窗户的地方可能会有其他限制,以及外观印象也会发生改变,这些需要事先知晓。

最后是屋顶,如果需要更换防雨屋顶的话,就需要从基材开始更换,这样就会产生相当高的费用。使用轻型的钢板材料覆盖屋顶,或者没有漏雨和破损情况的话,只是重新涂刷一下屋顶等,也可以大幅降低成本。

简单的定做家具可以交给木匠师傅

原型定制设备可以降低成本

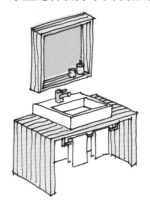

简单的桌台上安装洗面盆和毛巾杆之后，原型洗面台就完成了。使用同样的木材来定做带有镜面的置物架也很方便。

　　根据空间情况定制的收纳柜等家具，由于其外形整洁而且能够营造出室内装潢的统一感，因而有不少人会想"在改造住宅的时候一定要定做一套"。然而实际上，定制家具会比成品家具价格高出很多。精度要求高且不量产还会造成单独运输的成本来。

　　其他还有半定制的整体收纳家具可以根据期望的尺寸加工制成，但是件数增多后价格也会相应上涨，最后就和定制家具的价格基本上没有太大区别了。

　　确实需要定制家具的话，开放式的棚架和桌台等外形简单的家具也可以让木匠师傅现场制作出来。可以使用的材料虽然有限，但是没有橱门之类的话成本也不会很高。和市售的收纳盒组合起来也很方便易用。一定需要橱门时可以委托细木工匠来制作。

　　洗漱台也是如此，木质顶板上放置洗面盆这种形式则委托木匠师傅来定做会比市售的成品价格更低。

选择足够满足需求级别的设备和建筑材料

设备和建筑材料根据级别不同价格也会有很大的落差。品质、功能以及设计等方面如果有要求的话价格还会膨胀，因此要认真地对自己真正需要的东西做出取舍才能控制成本。

以整体厨房为例，橱门的级别不同价格差距也很大。普及型的2.55 m厨房中同样功能的产品，如果橱门使用密胺材料，则价格在60万日元左右，使用天然木贴片板和乌拉坦涂装的橱门的产品则在110万日元左右，仅仅门板材料不同就有近2倍的价格差距。购买前一定要思考一下是否有必要使用这样的橱门。

厨房桌板也一样，人造大理石和不锈钢的产品会有10万~20万日元的价格差，平板对面式和Ⅰ型（靠墙式）价格也会有很大差异，一定要根据整体布局好好考虑。

其他比如很多人会钟情于外形美观漂亮的地板材料，不过也可以考虑下稍微有些木节但仍然富有质感的较为廉价的实木材料。即便是自己中意的设计中，也会有相对能够控制成本的商品存在，不妨仔细寻找一下。

通过市售产品的组合也可以
得到优秀的定制效果

　　由于现有商品无法匹配实际空间尺寸所以才需要定制的想法并不
罕见，但是事实上并不一定如此。

　　比如在安装室内门时，现有的商品很多都可以更改宽度和高度。即
便不预定尺寸也有着多种门宽可供选择，因而可以根据规格宽度移动墙
体，或者填充一下（补平接触面）就可以像定制商品一样完美匹配。虽
然效果上并没有委托细木工匠定制来得好，但是使用现成商品或者预定
一下尺寸都可以有效降低成本。

　　其次是厨房部分，在木制或者不锈钢制的顶板上嵌入水槽和燃气炉
来定制，收纳部分则使用市售的抽屉和收纳盒来组合成自定义的厨房，
价格上也会有很大优势。整体厨房中，不少人会使用统一式样的背面收
纳架，而使用市售的家电餐具架不仅种类丰富，相比厨房生产厂家的成
品来说价格也只有一半左右。

然后是浴室部分,相比传统施工手法的浴室,单元浴室的防水、隔热性能以及清理简易度都占优势,而且不乏价格低廉的产品。

　　另一方面,传统施工手法的浴室经过数十年使用,由于水从瓷砖接缝中渗漏下去,墙面中结露浸湿木材等,地基和立柱多少都会有些损伤。

　　在这点上,单元浴室则因为地面、墙面和浴缸一体化的缘故,不容易漏水,而且地基不会腐烂,将来修补的必要性也比较低。从这个意义上来说也比较节省成本。

　　对单元浴室无甚好感的话,也可以采用地面和浴缸一体化的半单元浴室的方法。这样的话,地基也不容易受损,而且墙面和屋顶材料以及设计方面都可以自由选择。

　　收纳空间等也可以组合成品和市售家具等,结合实际空间调节尺寸后,同样可以达到设计和低成本的两全其美。请一定要多下功夫考虑一下。

自己 DIY 的话即使失败了也不必太在意吗

　　为了控制成本，有些房主也会自己 DIY 改造一番。粗略说来，改造的费用基本上就是"材料费：施工费 =1 ： 1"的比例，和专业的施工方式比起来，自己动手会需要加倍的时间和精力，一定要考虑再三而后行动。

　　经常 DIY 的就是地板的涂装了。渗透性的清漆的话即便是业余人士也可以处理好，失败少也是其被采用多的原因。像松木材料这样的实木针叶树木材上，油漆的渗透效果良好，涂抹也不容易出现颜色不均匀的现象，因而大受欢迎。

　　同样地，墙面和屋顶的涂装也只需要使用滚筒沾着水性涂料涂刷就可以得到亚光的墙面效果，很适合 DIY 采用。有些房主觉得"在入住后一段时间安定下来再涂装"比较好，但是家具的移动以及防污遮盖等都十分麻烦，最好还是在施工期间花 2~3 天在施工现场涂刷一下来得简单。而且还可以借用施工现场的梯子等工具。

　　也有人会施行硅藻土或石灰等的粉刷工序，但是能像专业人员一样粉刷得美观的人很罕见。正好需要手工制作的粗糙质感的话倒也无妨。

然而要对难以想象的体力和耐性做好足够的思想准备。

涂刷油漆、粉刷等施工的要点在于门框和窗框等不涂装的部分的保护（使用遮蔽胶带或塑料膜覆盖）工作。遮蔽胶带不沿着直线粘贴的话，涂料会渗出使得外观不美观。这些材料都可以从购物中心购买到。

墙纸也可以自行粘贴。推荐附有黏着剂的编织墙纸，可以很方便地自行粘贴。在购物中心品种比较稀少，可以去专卖店或者在购物网站上从多种色彩花纹中挑选。

用水设施附近比较容易做的是温水冲洗坐便器坐垫的更换。如果只是更换现有的坐便器坐垫的话，只要看着说明书谁都可以更换，不妨自己动手挑战一番。

也有人以住宅改造为契机真正走向了DIY的道路。在购物中心购买材料，然后自己动手制作家具作为一种兴趣也是挺愉快的。或许放松一些，留有余裕地去解决问题正是DIY的秘诀所在。

自己购买住宅设备时需要注意的地方

通常的住宅改造中，施工业者会准备好器材和建筑材料等再进行施工，有时候也可以由房主自己购买好设备和建筑材料等来委托施工业者进行安装。这种被称为设备的"业主交付"方式。

业主交付中常有的情况是自己购买洗面盆、彩色玻璃和瓷砖等然后带到现场交给施工方。特别是古董和海外购买的商品等一般不容易得到的物品，或者是有回忆价值的物品等在改造时活用一下的话会有很不错的效果。

不仅仅是在小物件上，"整体厨房和洗漱化妆间等住宅设备也想要选择自己喜欢的产品"这样的声音也不少。比如Sanwa Company和Advan这样支持网上订购的设备和建材商社，其网站上的标示价格＝购入价格，相对来说价格低廉因而很有人气。

但是，这样小物件以外的业主交付物品实际上门槛就变得很高了。首先是要从产品目录以及样板房中选择希望购买的商品，然后结合施工现场的状况来自己订购必要的部件材料。订购时一般会使用现金支付，万一订购中有失误发生那也基本上是自己负责,不能退货或者更换。

并且有时候交付的时间也会成为一个问题。比如根据整体厨房的设置预定日期做好了准备,而改造中因为常有的工程变更仍然还在地面施工阶段,结果整套厨房组件就不得不先搬运进去。而更改送货日期又可能导致额外的费用。

通常来说施工业者会准备好厂家的成品,而负责人会负责处理这些手续,与之相比,自己订购确实是件很麻烦的事情。

如果需要购买这样的设备的话,可以向施工业者指定设备,让其代为做好准备工作。一般来说会需要支付价格几个百分点的经费,但是省去了自己的精力以及风险反而令人更安心。只是有些业者会比较厌恶这样的准备工作,一定要在事前商量好。

顺便一提,空调可以委托购买时的家电卖场等来安装,这样可以降低成本。可以委托住宅改造业者增强一下墙面,布置好电源插座和排管孔等。

第七章

从成功案例中学习平面布局的
"Before" 和 "After"

位于住宅密集地,1楼日照和通风不良,因而白天也欠缺照明,夏季炎热冬季寒冷。过去虽然也进行过多次改造,但是起居室、餐厅、厨房的移动路径不佳,走廊这样的空间到处都是,布局上来说很不适宜生活使用。

以前在改造用水设施时多出来的空间,由于大小尴尬而只用来堆放物品

远离起居室和餐厅,因而准备餐点和打扫都非常不方便。和餐厅之间有立柱存在,空间没法有效使用

洗漱间狭长,湿气严重

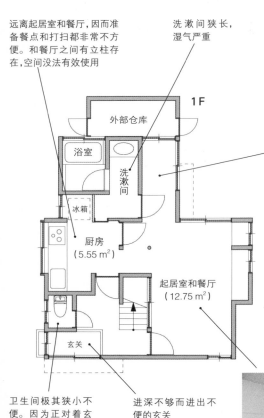

1F

外部仓库

浴室

洗漱间

冰箱

厨房
(5.55 m²)

起居室和餐厅
(12.75 m²)

玄关

卫生间极其狭小不便。因为正对着玄关,所以有客人的时候很尴尬

进深不够而进出不便的玄关

起居室和餐厅虽然位于生活场所的中心,但是因为临接的地盘高出1m之多,日照和通风都非常欠缺

将受日照影响不大的卧室和用水设施改到1楼，
营造出沉稳气氛的私有空间。

案例 一

东京都·H宅

宽敞明亮的2层楼

起居室、餐厅、

厨房住宅

扩大了洗漱间，收拢
了浴室、卫生间、库
房的移动路径。通
过增设承重墙提升
抗震性能

将外部仓库改成更方
便室内使用的库房

1F

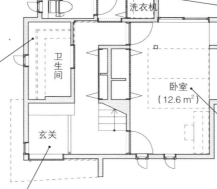

库房

浴室

洗漱间

洗衣机

从2.475 m²更
换成3.3 m²的
单元浴室

卫生间

卧室
（12.6 m²）

日照较少的地
方活用作收纳
空间

玄关

扩大玄关并定制
了大型收纳柜

卧室稍暗也影响
不大，因此更改了
1楼的布局。同时
提升了隔热性能，
夜晚也可以过得
很舒适

2楼以楼梯为中心分隔成3个房间。卧室以外基本上都没有很好利用上。楼梯坡度较陡不适合老年人。

使用梯子通往屋顶晾晒衣服的地方。上下比较麻烦,安全性也令人担忧

作为卧室使用的和室。2楼只有这个房间日照条件良好

2F

壁龛	
壁橱	卧室 ← 采光
	阳台
房间 (7.95 m²)	房间 (9.45 m²)

楼梯的坡度较陡,上下时容易发生危险

原本是孩子的房间,因为不怎么使用现在堆满了物品

2F After

在2楼设置起居室、餐厅、厨房,采用了洄游型的生活空间更开放的方案。拆除屋顶板,新设中庭和高处窗户,使得空间更宽敞。厨房上部改成阁楼,并新设了屋顶阳台。

案例 —
东京都·H宅

面向阁楼新设一处阳台。和起居室同样宽敞,可以作为室外起居空间使用

改成更易使用的对面式厨房。起居室和餐厅间可以围绕着来往,生活移动路径更加方便

2F

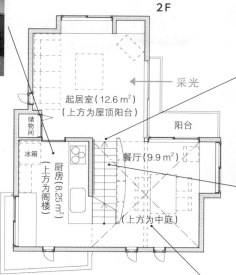

采光

起居室(12.6 m²)
(上方为屋顶阳台)

阳台

储物间

冰箱

厨房(8.25 m²)
(上方为阁楼)

餐厅(9.9 m²)

(上方为中庭)

通往阁楼和屋顶阳台的不是梯子而是楼梯。上下更方便而且日常生活中也易于使用。1楼和2楼间的台阶也比以前的陡坡要缓和,使用更轻松

屋顶改成整片斜坡棚顶并且拆除屋顶板,使得中庭的宽敞得以展现。阳光可以透过新设的高处窗户照射进来,使得餐厅变得明亮而舒适

不锈钢制的楼梯,只有一面墙面张贴了绿色编织墙纸,成为这个空间里漂亮的焦点。

中庭空间的要点是倾斜屋顶和横梁的存在感。

阳光透过新设的高处窗户照射到餐厅里。

●DATA

动机	● 远离道路的2层楼住宅。处于建筑密集地因而1楼基本上照不到阳光,因而决定改造时交换上下两层的布局
	● 由于过去几次改修造成布局和结构混乱,而且随着房屋老化也希望能做一些包含抗震性能的增强和隔热改修的改造

住宅概要	结构和规模:2层楼木结构	建筑年数:35年
	总建筑面积:92.93 m²	改造面积:92.93 m²
	所在地:东京都港区	家庭结构:夫妻

规格	内表面处理	地面:樱花木复合木地板	墙面:硅藻土墙纸
		屋顶:硅藻土墙纸、椴木贴皮板	
	设备	订购的厨房:Ekrea	单元浴室:YAMAHA
		卫生间设施:TOTO	温水式地面供暖:Tokyo Gas
		照明器具:YAMAGIWA、Panasonic、KOIZUMI	

施工计划	设计时间段:2000年7~11月(约4个月)
	施工时间段:2000年11月~2001年3月(约5个月)

● 详细施工费用

施 工 项 目		金 额(万日元)	内 容
临时工程		155	
建筑施工	拆除施工	100	内部装修的骨架
	地基施工	90	新造结实的地基
	木结构施工	630	主要立柱横梁以外均为新造
	屋顶施工	40	镀铝锌钢板屋顶
	外墙施工	155	防火墙板
	涂装施工	30	
	金属门窗施工	85	铝质隔热窗框
	木制门窗施工	80	
	防水、粉刷、瓷砖施工	35	屋顶铺设FRP增强防水
	内部装修施工	75	硅藻土墙纸
	家具施工	135	鞋柜、洗漱台、壁橱及其他
	厨房施工	140	订购的厨房
	杂项施工	160	单元浴室、钢架楼梯及其他
电路施工		95	
供水排水施工		85	
空调线路、换气管道施工		20	空调机另外施工
燃气施工		90	温水式地面供暖
各种经费		300	施工现场的经费及其他

施工费用合计
2 500万日元

设计管理费用
300万日元

总计(不含税)
2 800万日元

※ 金额为当时改造时的价格(不含税)。

Before

典型的公寓住宅布局。日照良好的南面两个房间被隔开,因而感觉不到宽敞。封闭的厨房感觉上收纳空间也不足,起居室和餐厅里也是杂乱无章。

卧室里没有壁橱,因而顶着通往起居室和餐厅的门摆放着一个衣柜

老旧的单元浴室使用起来不方便

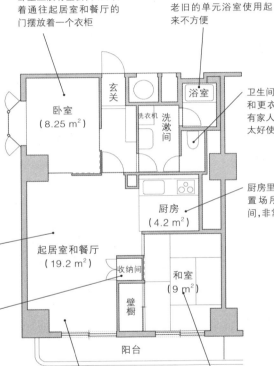

玄关

洗衣机

浴室

卧室
（8.25 m²）

洗漱间

卫生间位于洗漱间和更衣室的深处,有家人在沐浴时不太好使用

厨房
（4.2 m²）

厨房里欠缺冰箱放置场所和收纳空间,非常不便

起居室和餐厅
（19.2 m²）

收纳间

和室
（9 m²）

壁橱

阳台

餐厅和客厅很难区分,而且都给人杂乱的印象

收纳间分割成很多小间,狭窄昏暗而且进深太深,取物存放十分不方便

窗边是男主人的书桌,由于没有收纳空间,书和文档到处散乱

有着大型衣橱并且堆放着杂乱物品的和室。想作为更换和服和三味线练习的场所保留下去

After

虽然一眼看上去房间格局并没有变大，但是通过拆除隔墙然后使用定做的手拿家具来隔开空间使得屋顶得以连成一整片，让住宅在同一个面积下也能感觉上更宽敞。

案例 二

东京都·K宅

通过洄游性的生活
移动路径来构造
易于活动的住宅

为了让连接到玄关的走廊看上去更宽阔而铺设了同一种瓷砖

活用内侧的死角，更换成尺寸更大的单元浴室

利用突出的立柱设置了衣柜和书架

延长走廊改成能直接进入卫生间的布局

通过90°旋转并更改成对面式厨房，和走廊连在一起确保了洄游性的家务移动路径。背面也有充足的家电和餐具收纳空间

可以作为客卧使用的简洁的和室

平面图标注：

- 卧室（7.5 m²）
- 玄关
- 洗衣机
- 洗漱间
- 浴室
- 冰箱
- 厨房（4.3 m²）
- 收纳
- 壁橱
- 起居室和餐厅（20.25 m²）
- 和室（6.75 m²）
- 阳台

利用起居室和餐厅的一角定做了一套书桌和书架作为男主人的书房使用。使用墙上的间接照明营造出良好的氛围

使用现有的壁橱组合而成的隔墙，提升起居室和餐厅与和室的整体感。关上移门后就成为一个单间了

用来分隔空间的家具顶上靠近屋顶部分敞开,通过在上方设置的灯光照亮屋顶来营造出开放的感觉。

对面式厨房营造出有着充实收纳且整洁的空间。

昏暗的门廊通过玻璃门透过阳光。

●DATA

动机	● 年过六旬的夫妇二人即将迎来退休生活。男主人希望可以有一个写作的空间,而女主人希望有一个穿和服以及弹三味线的空间 ● 原本布局中房间被分割成细长的空间,收纳空间也稍显不足。狭小昏暗也是生活不变的重要原因 ● 为了让夫妇二人都可以享受老年生活,进行了让收纳空间充实起来而且让住宅更开放的改造

住宅概要	结构和规模:钢筋混凝土结构14层楼建筑的8楼 总建筑面积:65.69 m² 所在地:东京都台东区	建筑年数:25年 改造面积:65.69 m² 家庭结构:夫妻

规格	内表面处理	地面:橡木实木地板 屋顶:水性乳胶漆 窗户:在现有的铝合金窗框内安装内窗框	墙面:火山灰粉刷
	设备	整体厨房:Sunwave 卫生间设施:TOTO 照明器具:YAMAGIWA、Panasonic	单元浴室:TOTO 电热地面供暖:Sunmax

施工计划	设计时间段:2007年9~12月(约3个月) 施工时间段:2008年1~3月(约2个月)

● 详细施工费用

施工项目		金 额(万日元)	内 容
临时工程		50	
建筑施工	拆除施工	80	内部装修的骨架
	木结构施工	270	双层地板、橡木实木地板
	木制门窗施工	80	橡木镶嵌板
	内部装修施工	30	榻榻米、粘贴瓷砖等
	涂装施工	60	墙面粉刷
	厨房施工	90	整体厨房
	家具施工	100	鞋柜、起居室和餐厅桌板、隔墙收纳空间
	杂项施工	130	单元浴室及其他
电路施工		95	
供水排水施工		85	
空调线路、换气管道施工		20	空调机另外施工
燃气施工		90	温水式地面供暖
各种经费		300	施工现场的经费及其他

施工费用合计
1 300万日元

设计管理费用
180万日元

总计(不含税)
1 480万日元

※ 金额为当时改造时的价格(不含税)。

第八章

还有更多问题：改造的Q&A

用水设施的空间可以自由移动吗

　　请一定要记住,在公寓中,厨房、洗漱间和卫生间等用水设施布局的变更是受到限制的。根据地下的结构和排管方式不同,决定了可以移动的范围。

　　公寓中的纵向排水管由于是共用管道因而不能移动,需要以其为基准去考虑布局更改等。较新的公寓中使用双层地板的住户,地下约有15 cm的空间,用水设施可以在纵向排水管2~3 m范围内移动。这个距离可以保证地下的排水斜坡(用来让水容易流下去的倾斜角度)足够。抬高地面则可移动范围也就更大了,但是和其他房间会产生段差,屋顶也会变矮,而且会产生额外的成本。

　　另外,建造年数有30年以上的公寓大多没有双层地板,不少建筑的卫生间排管也裸露在外。这种情况下,即便可以更换卫生设备,但是移动位置还是很难的。甚至条件更严酷的是那种排管在下一层屋顶板背面的情况。如果不拆开下一层住宅的屋顶就没法进行排管施工,移动以及更换排管都非常困难。

　　是不是双层地板查阅购房时的资料就可以明白了,还不清楚的话,

排管方式不同改造方式也有差异

地板上排管①

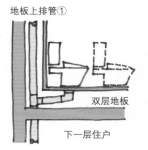

双层地板

下一层住户

卫生间位置也可以移动。

地板上排管②

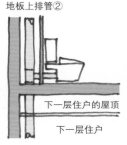

下一层住户的屋顶

下一层住户

移动虽然不方便，但是更换比
较容易。

地板下排管

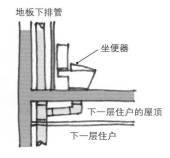

坐便器

下一层住户的屋顶

下一层住户

移动困难并且不容易够到
排管。

公寓中的排管种类不仅适用于卫生间，厨房
和洗漱间也一样。首先认真确认好自己住宅
的状态再考虑改造计划。

不妨请专业人员来确认一下。一般来说，地面高度落差很大的公寓似乎
不太有使用双层地板结构的。

　　另一方面，别墅的用水设施位置基本上都可以自由更改。1楼为地
基的高起部分，2楼的排管空间在1楼的屋顶板背面，排水斜坡也比较容
易得到保障。

　　别墅的排管类别里有一个重点。建筑年龄较轻的住宅中有些现存排
管可以再利用，建筑年龄在20年以上的住宅建议更换所有排管。特别是30
年以上的建筑中，以前的供水管多为铁制管道，排管内生有铁锈。40年以
上的排水管还有可能是土管，有不少管道部分已经脱落会引起漏水现象。

　　现在主流的是耐久性较高的树脂排管，改造时更换一新的话，往后
的更换频率也可以降低一些。

布局可以更改到什么程度

为了解决生活不便的问题,仅仅更换室内装修和设备设施是不够的。想要根本性地改善不少住宅就必须变更平面布局。

布局变更中改变起居室、餐厅、厨房布局的案例很多。稍早的住宅里厨房和起居室独立,在背面昏暗狭小的厨房里做家务的人和在起居室休憩的家人是完全分隔开的。将厨房和起居室的隔墙拆除,甚至把临接的和室也合并进来连成一个整体空间的话,不仅可以获得开放感,也可以增进家人间的联系并使生活变得更舒适。

那么布局到底可以更改到什么程度呢?公寓和别墅的范围是各自不相同的。

首先是公寓,立柱和横梁等结构以及玄关、窗户、垂直排管基本上是不能变更的。另一方面,拆除室内的隔墙、移动设备的位置则是可以的,也就是在这个可能的范围内可以进行布局变更。不过伴随着排管位置移动的用水设施位置变更以及排管位置变更等,每户的可变更范围是有

公寓住宅的改造中不能更改公用的部分

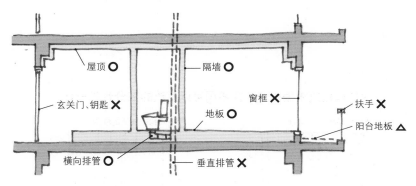

屋顶 〇

隔墙 〇

玄关门、钥匙 ✕

窗框 ✕

扶手 ✕

地板 〇

阳台地板 △

横向排管 〇

垂直排管 ✕

〇的部分可以更改。在公寓中即便是专用的部分
有时候使用的材料和性能也会有基准要求，必须
要先确认一下管理规定。

限制的（参照前一节）。

　　而别墅的情况则根据建筑的结构和施工方法而各不相同。被称为传统构造方法的立柱横梁木结构建筑甚至连结构部分都可以自由地加以改造。拆除2楼地板建成中庭，甚至扩建都可以。只是没有计划的增加或者改造建筑都会有损建筑的抗震性能，详细的结构计算不用说是很有必要的。

　　木结构建筑中，如果是2×4（Two-by-Four）构造方法的话还会有一些不同。2×4构造方法是指使用约5.08 cm×10.16 cm（2 in×4 in）的材料来组成框架配合钉有胶合板的板墙和地板来支撑建筑物的结构，也被称为"木造框架组合墙壁构造法"。总之，墙面和地板全体都作为结构部分使用，因而基本上没法拆除和移动墙面和地板。不过，不作为承重墙使用的隔墙是可以拆除以及移动的，可以先通过结构图纸确认结构再行制定计划，或者直接委托2×4施工经验较为丰富的公司来实施改造。

　　钢筋混凝土结构和钢架结构的建筑也同样，在结构部分以外的隔墙

木结构建筑根据构造方式不同可以更改的部分也不一样

传统构造方法的墙壁

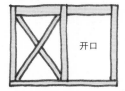

开口

立柱和支撑部分以外的隔墙都可
以轻易拆除。进行适当的增强施
工的话,立柱也可以拆除。

2×4构造方法的墙壁

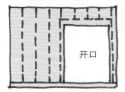

开口

由于是使用墙面支撑的结构,墙
壁的拆除需要先确认建筑整体的
结构。

部分可以自由移动。认真制定计划的话,杂墙(承重墙以外的墙壁)和
窗框、排管的位置等有些也可以更改,但是因为需要较大工程量的施工,
所以费用也会上去。另一方面,钢筋混凝土结构和钢架结构建筑的抗震
基准自从阪神大地震之后已经得到强化,在这之前的建筑物不少会被认
为是很危险的,很可能需要进行较大的增强性施工。要在抗震性能检测
的基础上将可能的重建要求也放到计划研究中去。

　　顺带一提的是,建筑公司建造的(标准化)板房都有特别规定,随意
改造可能会成为违章建筑。在更改布局的时候请注意要和当地政府部
门以及建筑公司做好确认。

两代家庭同住的住宅改造成功的要点是什么

同代人同住的住宅中，长辈和小辈的关系非常重要。如果是两代家庭住在足够大的住宅中的话，那也有完全分离开的方案可以采用，但是大部分都是小辈住在长辈的住宅里的案例，其中不少空间是受到限制的。在这样的建筑中需要下功夫去区分开共用部分和专用部分。

首先是厨房，如果可以的话推荐确保能有两个。无论是亲生子女还是媳妇女婿，住在一起往往会有预想外的情况发生。"没有足够空间建两个厨房"的住宅里哪怕是再建一个迷你厨房也无妨。简单的烹调也足够使用，家庭成员团聚的时候不妨再使用稍大的主厨房。

长辈小辈谁用主厨房根据家庭的形态来决定。一般来说，小辈使用主厨房，长辈使用迷你厨房的情况比较多，下厨机会比较多的那代人使用主厨房即可。亲属较多的住宅中则往往是长辈来使用主厨房。

两代家庭同住的住宅改造计划

1F

两代家庭团聚的起居室、餐厅、厨房。考虑到长辈使用的负担，将必要的功能部分集中设置在1楼。

2F

2楼设有小辈使用的起居室，解决了生活时间有差异的问题。

夫妇和一个孩子，以及母亲四人共同居住的两代家庭住宅。共用的起居室、餐厅、厨房设在1楼，而在2楼也设有一处起居室。玄关、浴室、洗漱间也为共同使用。

　　其次是起居室，不少人希望能有一个两代家庭共用的宽敞空间。这时候就需要确保两代人都有各自"逃避"用的空间。因为关系再好的家人也会有闹别扭的时候，而且其中一处也可以在有客人来时使用。可以在另一楼层设置一处较小的第二起居室，或者在起居室和卧室附近设置书房以及家务房等，营造一处被其他空间围起来的连续空间可以使两代人生活更自在。如果长辈已经退休了的话，也可以设立一处兼具客厅和卧室功能的房间来使用。

　　浴室和洗漱间也是需要好好考虑的地方。"浴室希望能分开使用"的声音虽然非常多，但我依然推荐只设一处浴室。岔开时间来使用的话就不会给双方造成麻烦，而且水电燃气费用和清理负担也更轻一些。如果在意入浴时的声响的话，可以将浴室远离卧室设置，或者在其他楼层设立淋浴房。而另一方面，洗漱间则最好能设两处。因为不少女性会将洗漱台作为化妆台使用，而男性剃须、修整容貌等也意外得费时。家庭人数较多时，化妆品和日用品也会增多变得杂乱不堪。一处可以设在浴室前兼作更衣室，另一处可以设在卧室附近的走廊里等，分开使用会变得更便利。

另外，两代家庭使用的区域从老年生活的角度来考虑则一般会更改为长辈使用1楼，小辈使用2楼。在夫妻双方一般都有工作的现如今，祖父母和孙辈一起生活的情况也很多，2楼空间不足的时候，将孙辈的房间设在长辈活动空间以及共有空间附近会更令人放心。

两代家庭同住的住宅的改造中，最重要的在于改造计划中要反映出家庭成员间的关系。对于住宅的想法不同是理所当然的，不要顾虑太多，听听对方心里所想然后相互理解是两代家庭同住的住宅改造成功的第一要点。

扩建时需要注意什么

往往会有"住宅太小了想要扩建"这样的委托案,但是实际上扩建并不那么容易。

首先第一点,建筑占地如果没有余裕那就没法扩建。除扩建需要的空间以外,根据城市规划和用途区域等规定,土地还有其固有的"建筑物内覆盖率"和"容积率"要求,使得可以建筑的面积受到限制。

建筑物内覆盖率指的是实际建筑面积(水平投影面积)与建筑占地面积之比,容积率则是总建筑面积(各层楼的合计面积)与建筑占地面积之比。总而言之,建筑物相对建筑占地面积的大小是有规定上限的,超过这个上限的扩建不被允许。其他还有建筑物高度限制和阳光阴影比限制等,必须要遵守这些规定。

而针对建筑的各种限制和结构标准等,在建造当初和现在有不少可能已经发生了变更。建筑物内覆盖率和容积率规定变得更加严格,城市地区很多甚至还新增了高度方面的限制。这时在重建或者扩建的时候就要遵守现在的标准了。

结构部分分离则成本也可以得到控制

结构一体化的案例　　　　　　　　　　　　结构分离的案例

弹性连接

现有建筑　扩建（一体化）　　　　　　　　　现有建筑　扩建（分离）

建筑整体都需要符合现行的建筑基准法，整体的增强施工会增加费用。

由于只需要扩建部分符合现行的建筑基准法，相对来说就比较省成本（需要对现有部分做抗震性能检测）。

　　在建筑占地内有余裕的情况下，扩建超过10 m²时也需要提出建造确认申请，接受建筑内容是否符合建筑基准法的检验。另外，在防火区域和准防火区域中的扩建即便是1 m²的程度也需要提交申请。

　　扩建部分和现有建筑结构上形成上下一体时，由于整个建筑都需要有符合现行标准的结构强度，因此有时候现有部分也需要进行增强施工。比如1层楼的住宅需要扩建2层楼时就需要对建筑整体实行增强施工，倒不如整个重建可能开销反而更少。

　　为了控制成本，沿着地基横向扩建而不和原有建筑形成一体也是一个好方法。通过弹性连接（不传导力的接合方式）来分离结构部分，则只有扩建的部分需要符合现行的标准，因而整体改修成本就能得到控制。即使在结构上是分开的，但是只要下一些功夫就可以建造出看上去一体的空间来，在扩建的时候不妨参考一下。

安装电梯很简单吗

"上下楼梯太费劲,想要安装一个电梯"这样的期望也很多。虽然不少人觉得安装电梯非常简单,但是实际上存在着很多门槛。

首先是建筑物内设置电梯时,需要向政府部门以及审查机关提交电梯间安装的确认申请。特别是钢筋混凝土和钢架结构的住宅,不仅建筑整体的安全性确认会花费不少时间,没有结构图纸的时候往往施工得不到许可。

另一方面,扩建电梯时也需要提交扩建用的建筑确认申请。结构上一体化的情况下为了建筑物整体都能符合现行标准就必须进行增强施工,很可能会有高额的费用。为了避免这笔费用而和建筑本体分离安装独立结构的电梯的话可以最小化对现有建筑的影响。另外,安装电梯需要的手续每个市区都不一样,要在事前先去咨询一下。

小型电梯的安装费用大约是200万日元,非常昂贵,再加上需要扩建的话还需要数百万的投入。外加电线牵引的施工,日常使用的电费以及

电梯的安装方法主要有两种

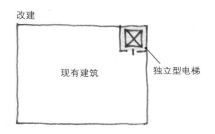

（可以安装的住宅）
1981年6月以后的建筑，并且符合抗震检测基准的住宅。

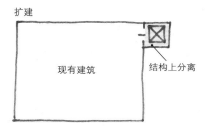

（可以安装的住宅）
住宅扩建面积在建筑物内覆盖率和容积率允许范围内，扩建部分在现有总建筑面积的1/20且在50 m²以下。

定期检修等长期投入也不能忽视。

　　此外，还有安装一种代替电梯的座椅式升降机。在基本上所有的住宅内部都可以安装，只是需要注意的是，轨道要从楼梯侧面的墙壁上突出10~20 cm。狭窄的楼梯上不能确保足够的宽度时，反而会妨碍不使用的人的通行。并且使用轮椅的人在每层都需要换乘，反而会加重身体的负担，因而采用与否值得商榷。

　　电梯和升降机对于3层楼建筑或者起居室、餐厅、厨房等生活中心部分设在2楼的住宅或许还有用，不是这些情况的话不如考虑一下将生活空间移动到1楼的改造方案会更好。

抗震增强施工做到什么程度才能放心

第六章曾提到过"木结构住宅改造中最重要的就是不能简单更换完事的抗震性能增强和隔热性能施工"。特别是提升抗震性能这方面，虽然看不出任何效果，但却能保证每天生活安心，应当作为紧急情况发生时保命用的"保险"来考虑。

建筑基准法对于抗震基准的规定是"在震度5级的地震下建筑不发生损伤，震度6~7级的地震下建筑不倒塌"，为了满足这个要求，抗震性能的表现值"上部结构评分"必须要在1.0以上。

这个评分通过专家（建筑师）进行抗震性能检测来计算出来。不足0.7的建筑会被判定为"倒塌的可能性较高"，但是实际上建筑年龄30年以上的老住宅有不少连0.3都达不到。较新的住宅中也常有因为承重墙平衡性不好而评分只有0.8的情况。

然而不能简单地说通过增强立柱和墙面就可以将评分提升到1.0了。1981年以前建造的住宅有些地基薄弱且没有植入钢筋，地基的增强施工肯

抗震性能增强对于承重墙的平衡来说很重要

承重墙平衡不佳的建筑

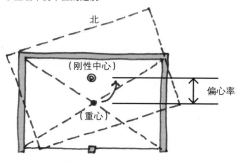

墙体集中在北侧，因而在地震时建筑可能发生扭转倒塌。

抗震性能增强过的建筑

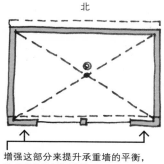

增强这部分来提升承重墙的平衡，防止建筑物倒塌的情况发生。

定是有必要的，但是窗户和移门之类的开口部分太多，还必须要增加承重墙数量。外加使用瓦片屋顶等较重的屋顶时，不更换成轻型屋顶材料也没法满足评分要求。但是这样程度的施工已经需要相当额度的预算了。

另外，市区给予的抗震改造补贴制度基本上要求对象的改修后评分要达到1.0以上。这个门槛也是抗震性能改造困难的一面。

确实能够确保达到建筑基准法要求的抗震性能是理想状况，但是达不到也不能说改造就毫无意义。重要的是要布置好承重墙的平衡。南侧是连续的大型窗户，墙体集中在北侧的住宅中就要增加南侧的墙体，或者通过在窗户中增加支撑等方式，使承重墙的平衡良好从而提升抗震性能。这样做的话，即便评分在1.0以下也能避免建筑倒塌这一最糟糕的情况。

改造成节能住宅需要做什么

近来住宅的节能化不断发展，改造中也有更多人希望新住宅能比原来更节能。这里就来介绍一下节省能源的三个要点。

第一个是尽量保证自然采光和通风。重新审视现有的平面布局，在窗户位置和大小上下一些功夫，不依靠照明设施和空调就能舒适生活便是节能的根本了。

第二个是住宅的隔热。住宅不提升隔热性能的话，无论使用节能性能多高的家电都没法降低能源的消耗。使用很少的能源就可以有效调节室内空间的温度是很有必要的。

具体来说，就是在墙面、地板和屋顶板背面（或者在屋顶板面上）填充隔热材料，将门窗替换成热传导能力较弱的多层玻璃隔热窗框和隔热门。在现有的窗框内安装内窗的方法也有效果。通过这样的方式，关于空调方面的长期成本就减下去了。仅对部分进行隔热材料施工并不能取得良好效果，一定要将建筑整体严严实实地用隔热材料包裹起来。进行部分改造时也要以房间为单位施行隔热施工。

　　预算上有余裕时不妨将地基增强得更结实。结实的地基也就是在建筑地板下建造的板状钢筋混凝土地基。这样做可以提升建筑的耐久性和抗震性能，而且还有防湿效果和蓄热效果可以提升地板环境的质量。使用管道风扇把屋顶内侧的热空气导入地下使得1楼地板通过辐射热供暖的方法，也可以有效降低相应的电费支出。

　　第三个要点是安设利用天然能源等的高效发电机器和热水机器。比如太阳能发电、Ene-Farm（家庭用燃料电池）和Ecowill（使用燃气发电和热水的系统）等就属于这一类范畴。在改造中希望安装太阳能发电的人不少，但也有因为屋顶光照强度不够、屋顶坡度问题等没法获得足够的发电量的案例，因而在安装之前请先慎重考虑研究一下。

请解释一下建筑改造补助金的问题

国家和市区针对特定内容改造实施经济补助。所谓特定的改造即抗震改修施工、看护改造、无障碍化改造和节能对策等。根据市区不同，还有犯罪防范对策、屋顶绿化以及雨水箱设置等各种补助制度，申请时间段、申请方法和补助内容也根据市区各有不同，如有这方面希望，请在事前做好相关制度内容的确认。

特别需要注意的是针对抗震改修施工的补助金。这项补助金以在1981年5月31日以前建造的、不能满足新抗震设计基准要求的住宅为对象发放。根据市区补助内容不同分为请设计师检测抗震性能的费用（5万~10万日元）、针对抗震增强设计的补助以及抗震增强施工等多种情况。有时候也会指定设计师，有些则可以自己委托设计师。

看护改造方面有看护保险承担施工费用九成（上限20万日元）而非补助金的制度。对象是看护需求认定为"需要支援"和"需要看护"的人群。施工内容包含安装扶手、消除地面落差、更换地板材料、更换移门以及蹲式马桶改装坐便器等。无论哪一项都是针对需要看护的人群所必需部分的施工补助的。不仅是需要看护的人群，有不少市区也设有以老年人为对象的无障碍化改造补助制度。

节能改造方面则有针对隔热材料填充、更换隔热窗框以及更换成高效率发电和热水机器等的补助制度。

除补助金以外，也有针对建筑改造的减税制度也颇引人注目。这是以抗震、无障碍化和节能的各种改造为对象，来降低所得税和固定资产税的优惠制度。并且还有从直系亲属长辈处获得的扩改建费用赠予免除获得者的赠予税制度（2014年3月当时的情况）。每一项内容都随年度变化，可以上住宅改造推进协议会的网站等来确认。

后记

　　从独立开展业务到今年已经15年了,至今为止我已经经手了60处住宅的改造工作。从基本全新建造的骨架改造到只有起居室、餐厅、厨房和用水设施部分的改造等,建造年数、规模和改造内容等虽然也是各种各样,但无一不着眼于房主的生活来做设计。

　　从各位房主手中接过设计委托我心存感激,拜访宅邸时,我一直会有个感觉,就是"在委托改造之前有什么需要做的事情吗"这样的想法。也许收看过那个改造节目的观众心里也是这么想的吧。

　　这是在接到某对高龄夫妇想要改造居住舒适感不佳的起居室后走访宅邸时发生的事情。进入住宅后,映入眼帘的是明明有窗户却紧闭着挡雨窗门(窗户外挡雨用的木板窗)的黯淡房间。为什么不打开挡雨窗呢,我这样问了夫妇二人,回答说因为介意邻居的视线而每天开窗关窗实在太麻烦。我试着打开了挡雨窗后,明亮的日光照射进来,房间瞬间就变得令人心旷神怡了。

　　像这样的情况,如果觉得挡雨板开闭很麻烦的话使用遮光窗帘或者屏风替换之,介意视线的话更换成磨砂玻璃就可以解决了。

　　就像这样大家所感受到的住宅中的不便和不满之处,实际上很多只需要一点小创意就可以解决了。旁人来看马上就会注意到的问题,由于自己常年生活在同一个住宅中已经习惯了,自己感受不到问题的情况也不在少数。大部分仍凑合着生活在不适合如今的家庭构成和生活方式的住宅中。

　　这么考虑一下,理想的住宅就不该是他人给予,而是自己去迎合环境变化以及需要的性能来追求的东西。总而言之，想要得到称心如意的住宅就需要具备能居住得舒适的技巧。

所幸的是，我常能从自己所设计住宅的各位房主处得到比如"不仅是住宅，甚至心里也变得明亮起来"这样褒奖的言语。在设计的过程中，我有自信不仅能活用建筑当前所拥有的魅力和长处，并能通过对房主的居住方式分析后的阐述，来得出适合的"生活的提案"。希望通过我介绍的诀窍，能够对诸位构建自己理想中的住宅起到帮助，因而写下了这本书。

即便这么说，尤其是我这样笔尖迟缓花费了一年多时间才整理出这样一本书来，多亏了作家金井女士在结构和原稿制作上提供的大力协助，以及一边给予压力一边给予耐心等待的 X-Knowledge 的别府女士。

并且还要借这个地方，对从我独立开展业务以来支持我至今的合作设计者相越女士，以及委托我设计，并在解决生活中的烦恼过程中给予我各种创意的各位房主们，再次致以真诚的谢意。

中西宏次